传统藏式建筑泥石营造技术

肖永建　米玛次仁　主编

中国建筑工业出版社

图书在版编目(CIP)数据

传统藏式建筑泥石营造技术/肖永建，米玛次仁主编．—北京：中国建筑工业出版社，2021.11
ISBN 978-7-112-26498-8

Ⅰ.①传… Ⅱ.①肖… ②米… Ⅲ.①藏族—民族建筑—建筑工程—高等职业教育—教材 Ⅳ.①TU-092.814

中国版本图书馆CIP数据核字（2021）第172576号

责任编辑：滕云飞 张　健
责任校对：赵　菲

传统藏式建筑泥石营造技术
肖永建　米玛次仁　主编

*

中国建筑工业出版社出版、发行（北京海淀三里河路9号）
各地新华书店、建筑书店经销
逸品书装设计制版
北京中科印刷有限公司印刷

*

开本：880毫米×1230毫米　1/16　印张：8¼　字数：160千字
2022年5月第一版　2022年5月第一次印刷
定价：45.00元
ISBN 978-7-112-26498-8
（38050）

版权所有　翻印必究
如有印装质量问题，可寄本社图书出版中心退换
（邮政编码 100037）

本书编委会

主　　编：肖永建　米玛次仁

参编人员：蔡廷有　旦增白姆　尼玛顿珠　谢　亮
　　　　　罗祯旺　久多庆巴珠　多布杰　格桑央金
　　　　　索　丹　王晓华

参编单位：拉萨市设计院

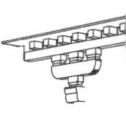

前言

伴随着中华民族伟大复兴的美好愿景和各级政府部门的正确领导,我区传统建筑事业取得了骄人的成绩,但是由于传统建筑行业人才的缺乏,无法满足产业高速发展下,符合当地实际的人才需求。在此背景之下,西藏职业技术学院联合区内文物、设计、施工等多部门,于2017年成立并招收了藏式古建筑工程技术专业学生,以满足当地传统建筑行业人才的需求。同时,为铸造"中华民族伟大复兴工程——西藏篇章"工作履行职业技术学院应尽的义务。

藏式古建筑工程技术专业作为一门国内外的空缺专业,在课程的设置、教材建设等方面还不够成熟,急需适合专业人才培养要求的配套教材,以解决藏式古建筑工程技术专业师生的教学需求。为此,由西藏职业技术学院牵头,联合拉萨市设计院、西藏自治区文物局、拉萨古艺建筑美术研究所等相关单位,组织相关人员共同编写了本书。

本书以西藏职业技术学院古建筑工程技术专业人才培养目标为出发点,以藏式古建筑工程技术专业学生就业后可能遇到的实际工作为重点,将传统藏式建筑"泥、石"为主的内容从建筑物由底到上的构造组成,划分为基础、地面、墙体、楼、屋盖等章节,并辅以大量的墨线图和少量拉萨地方藏语解说词,分别讲述了各部位的材料选择、构造技术、施工要点等内容,使读者对传统藏式建筑泥、石营法有一个系统的了解和认识。同时,在隐蔽工程如地基、基础、防水等工程中结合目前行业实际情况,适当介绍了现代建筑构造技术和做法,以满足学生就业后的应变能力。

本书在编写过程中,得到了西藏自治区文物局加雷老师的大力支持和指导,在此表示衷心的感谢。同时,参考了许多同类教材、专著,引用了相关文献,在此一并致谢。

由于水平有限,加之时间仓促,书中难免有不妥之处和很多不足之处,恳请广大读者批评指正。

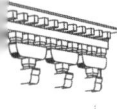

编者

2020年3月

第一章
绪　论 | 001

第一节　概述 | 002
第二节　藏式建筑基本类型及功能 | 004
第三节　藏式建筑泥石构造组成 | 005
第四节　常用泥石加工工具 | 008

第二章
地基与基础 | 013

第一节　概述 | 014
第二节　地基 | 015
第三节　基础 | 017

第三章
台阶　地面　散水 | 029

第一节　台阶 | 030
第二节　地面 | 037
第三节　散水 | 042

第四章
墙　体 | 047

第一节　墙体类别及构造要求 | 049
第二节　夯土墙构造及施工工艺 | 051
第三节　土坯砖墙构造及施工工艺 | 055
第四节　石砌墙构造及施工 | 059

第五节　木板墙构造及安装　|　068
第六节　其他墙体　|　070
第七节　勒脚、女儿墙构造及施工　|　072
第八节　墙体装饰工程　|　078
第九节　外墙色彩概述　|　089

第五章

楼、屋盖　|　**095**

第一节　楼面　|　096
第二节　屋盖　|　099

专业术语藏汉对照表　|　124
参考书目　|　126

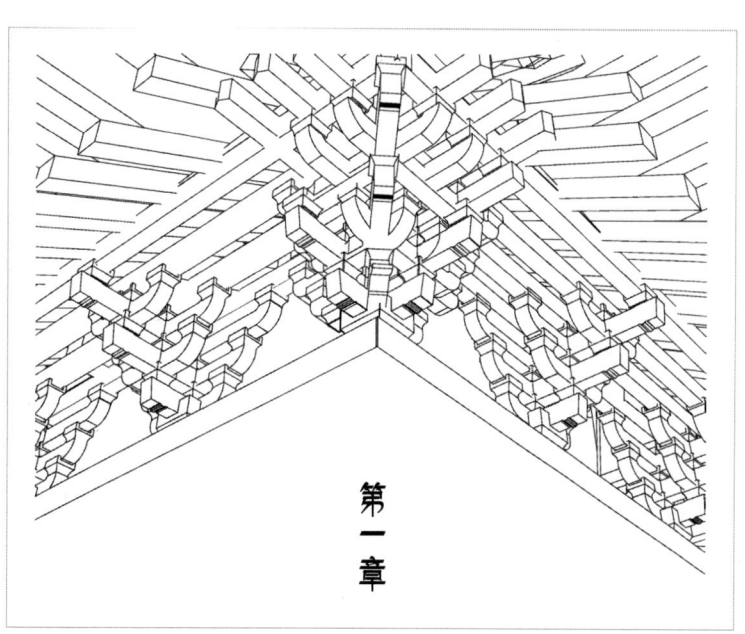

第一章 绪 论

知识目标：了解藏式建筑发展概况；了解藏式建筑类别；
掌握传统藏式建筑"泥石"构造组成。

能力目标：能够通过藏、汉双语来表述传统藏式建筑"泥石"构造组成；
能够初步使用泥石工各类工具。

第一节　概述（表1-1）

据"藏族祖先最先居住于泽当贡布日山上的天然洞穴"以及青海"白岩猴堡"为神猴居住的地方等相关传说表明，远古时期，居住在青藏高原的藏族先民遮风挡雨和生活的空间，同世界其他地方一样，最先从天然洞穴开始，并以此为开端拉开了藏式建筑的发展历史。

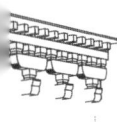

随着社会的发展，建筑功能需求的多样化，建筑营造技术取得了不断的提升。在此发展过程中，由于受到自然资源和气候环境的影响，土、石、木等天然材料，成为构筑建筑物最主要的材料。从考古发掘的昌都卡若房屋遗址（距今4200至5300年）、拉萨曲贡遗址（距今4000至3500年之间）、阿里札达县格布赛鲁墓地发掘的石棺墓（距今3560至3000年）等众多遗址证明，早在4000多年前藏族先民学会了就地取材，利用天然的土、石、木等资源来修造建筑物、构筑物的方法。

到了悉补野时期，随着部落式的群团生存形态的变化，出现了众多部落聚集点。就如敦煌古藏文写卷中记载："在各小邦境内，遍布一个个堡寨……"；《贤者喜宴》载："第一代聂赤赞普修建雍布拉康……第三代丁墀赞普时期建造了'科玛央孜'城堡……"虽然这个时期的建筑实物现很难确切表述，但据传说，雍布拉康现有碉楼位置有原始存物，它极有可能是小邦中、晚期的建筑，可以供我们参考。另外，因为当时的社会环境处于战乱和动荡时期，因此，为了抵御外来入侵者的进攻，又能满足良好的攻击功能，这些"堡寨""城堡"应该具有一定的防御功能。

到了吐蕃王朝以及分裂割据时期，一方面以"堡寨""城堡"为主线的本土建筑营造技术取得了不断的延续和发展；另一方面加强文化交流，吸取周边不同民族的建筑技术和建筑艺术，历经几个世纪的发展，趋于成熟。并于17世纪，成立了综合性工厂兼管理单位"堆白康"(འདུད་དཔལ་ཁང་)。堆白康设立在布达拉宫雪城，主要是负责生产各类生产、生活所需物品，同时，明确规定各种工种的职责、职务等级、工资、税收、工作时间等相关内容，形成了比较科学的管理、分工体系。

在堆白康的管理体系中，将主要负责石料的加工和墙体的砌筑工作的匠人称为石匠。石匠根据技术水平的不同，划分为乌钦、乌琼、学徒等级别。其中乌钦相当于一级工，总体负责工程的石作，并协助木工等其他工种探讨设计、施工方案；乌琼相当于二级工，主要负责石料的加工和砌筑等工作，并协助乌钦的工作；学徒主要听从乌钦的工作安排。

在一般的工程中选举一名技术最好的石匠乌钦和一名木匠乌钦来负责整体工作；在重大的工程中会有几个石匠乌钦和几个木匠乌钦来共同负责工程。

泥工主要负责内、外墙面的抹灰、手抓纹的涂刷以及楼、地、屋面阿嘎土的夯筑工作，主要为装饰装修类工程。泥工中技术等级最高的叫作"谢本"(ཞལ་དཔོན)即"泥工头"的意思，其余均为普通泥工。泥工不同于石匠和木匠，没有设置"乌钦"一职。在工程实施过程中，根据工程进度听从总负责"乌钦"的安排来开展工作即可。

藏式建筑发展简表　　　　表1-1

发展阶段	历史时期	建筑特征	现存遗址或建筑
萌芽时期	新石器时代	1. 地穴向地面空间发展 2. 单层向二层发展 3. 单室向双室或多室发展 4. 木骨泥墙向石砌墙、木楞墙发展 5. 窝棚式结构向柱网结构发展 6. 原始村落的形成	昌都卡若遗址
雏形时期	新石器时代晚期至吐蕃王朝建立之前	1. 出现了碉楼式的堡寨建筑，成为影响藏式传统建筑的一条主线 2. 碉楼的修造技术在四川甘孜、阿坝藏区已非常成熟	穹窿银城遗址
发展时期	吐蕃王朝时期分裂割据时期元朝（萨迦地方政权时期）	1. 社会功能性建筑有了新的拓展 2. 建筑规模和营造技术取得了大的发展 3. 外来文化的影响在建筑中的表现明显 4. 绘画艺术方面，吸收和普及尼泊尔、印度以及内地的绘画艺术手法，为藏区绘画艺术的形成奠定了良好的基础 5. 根据文化交流区域的不同，藏式建筑装饰艺术风格逐步体现不同地域的地域特征	布达拉宫局部大昭寺局部 查拉路甫石窟等 古格故城遗址 色卡古托 萨迦南寺 夏鲁寺等
成熟时期	明朝（帕竹地方政权时期）	1. 建筑管理方式日趋成熟 2. 宗堡、庄园类建筑普遍得以推广 3. 寺院、佛塔类大规模、大体量群体建筑的设计、规划趋于成熟 4. 勉唐、钦孜、嘎赤三大流派以及由江孜寺的江孜派画家等不同流派的形成，促进藏区绘画装饰艺术	朗色林庄园 日喀则宗 江孜宗 江孜白居塔等

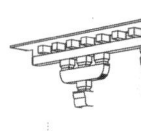

续表

发展阶段	历史时期	建筑特征	现存遗址或建筑
规范时期（程式化时期）	清朝（甘丹坡章地方政权时期）	1.造园技术取得了空前的发展 2.管理模式进入规范期 3.建筑布局进一步向大型化、群落化发展；建筑技术和建筑艺术风格在前一段的基础上按照程式化发展并趋于规范	布达拉宫 罗布林卡等

第二节 藏式建筑基本类型及功能

藏式建筑在数千年的发展历程中，根据社会生产和生活的需求，不断的发展、演变，历经从无到有、从有到无的漫长过程，最后，形成了今天我们所能看到的，符合当时社会背景的体系完整、类型多样的藏式建筑。从某种意义上讲，任何一种新的建筑类型的出现或老的建筑类型的停滞发展或消失，都反映了这个时代的社会背景，是符合当时社会发展的客观需求。

藏式建筑的基本类型可以根据多视角、多方面进行分门别类，但是为了便于把握整体，我们将藏式建筑按照使用功能的不同，粗略地划分为：宫殿建筑、城堡建筑、宗教建筑、庄园建筑、园林建筑、民居建筑、其他建筑7种类型。

1.宫殿建筑

宫殿建筑主要是由历史上的政教领袖所修建。宫殿建筑为了体现至高无上的权威和尊严，尽可能地把宫殿修建得雄伟高大，华丽壮观，其功能是为主人提供最为舒适、方便的生活条件。如雍布拉康、布达拉宫、拉加里王宫等，均属宫殿建筑。

2.堡寨建筑（宗山建筑）

从广义理解，堡寨建筑或宗山建筑泛指修建在山上的，具有一定规模的建筑。因此，如布雍布拉康、布达拉宫等修建在山上的宫殿建筑也可以囊括至该类型建筑范畴。除此之外，典型的还有古格故城遗址以及帕竹地方政权时期修建的13座宗山城堡等。

堡寨建筑为了便于观察和加强防御，一般情况下依山而建，而且不是单一的独立建筑，它是由山顶的主要建筑和依山而下或山下的附属建筑构成一个整体，后来山顶的建筑不仅仅是单一的具有防御功能的建筑，演变成为具有生活、办公等多种功能的综合性建筑，山下城堡内聚集越来越多的为山上服务或管理运营的机构，形成了现在如布达拉宫一样的建筑。

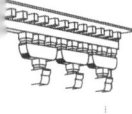

3.宗教建筑

为举行各类宗教活动所服务的建筑统称为宗教建筑。

4.庄园建筑

庄园藏语名叫"溪卡",过去地方政府、各大寺庙、大活佛、世袭贵族都有自己的庄园,遍布全西藏。庄园建筑同贵族家院、民居建筑属同一类型的建筑,但功能上有所区别,有的还有一定的武装力量,如山南朗色林庄园。

5.园林建筑

园林建筑即林卡建筑,园林建筑常常是由政教领袖、地方领袖夏天在室外休闲娱乐过林卡时所修建的配套建筑。如罗布林卡、山南拉加里王府园林配套的有夏宫等。

6.民居建筑

民居最早出现在石器时代,距今已有五千多年的历史。但是西藏民居建筑的发展并不快,进步也不大。民居建筑根据地域的不同有所差异。

7.其他建筑

除了上述几种主要的建筑类别之外还包括数量众多、遍布广泛的墓葬;形式各异的独立"碉";传统的桥梁;以及各类行政官署和生产加工厂房等,都是属于构成藏式建筑体系的组成内容。

第三节 藏式建筑泥石构造组成

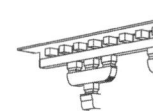

传统藏式建筑的构造方法受到区域气候条件、自然资源条件等综合因素的影响而表现出带有区域特色的多样建筑生存形态,但是构造技术大同小异。根据结构传力体系的不同,传统藏式建筑的构造类别可以划分为:墙柱混合承重体系(典型藏式建筑)和木构框架结构两种类型。

一、墙柱混合承重体系建筑构造组成

墙柱混合承重体系是最普遍,也是最为典型的藏式建筑构造方法,通常由石木或土木混合构筑。主要特征是外墙厚实而多数带有收分,颜色明亮而装饰粗犷,表现出朴实无华的建筑性格;室内墙体笔直无收分,颜色丰富主次分明,表现出细腻而繁杂的装饰风格;建构形式以梁、柱、墙为主要承重构件的平顶结构,大多是两层或两层以上建筑。

主要的构造组成包括承重构件、装饰装修构件及附属构件组合构成。承重构件

可分为基础、承重墙体、木柱等竖向承重构件和梁、椽、楼、屋面等横向承重构件两种。装饰装修包括墙体装饰、楼、地面装饰、门窗木构件装饰等。附属构件包括散水、台阶、隔断、楼梯等。典型墙柱混合承重体系构造组成如图1-1所示。

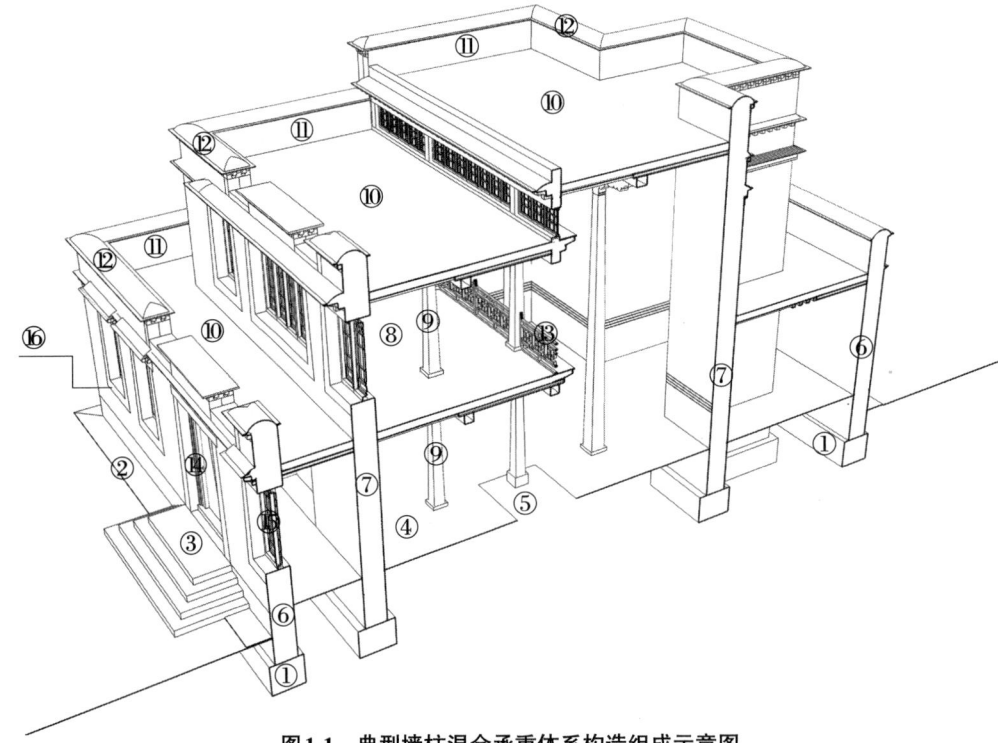

图1-1 典型墙柱混合承重体系构造组成示意图

① 基础 ② 散水 ③ 台阶 ④ 地面 ⑤ 柱础（柱基石） ⑥ 外墙 ⑦ 内墙 ⑧ 楼面 ⑨ 木柱 ⑩ 屋面
⑪ 女儿墙 ⑫ 墙帽 ⑬ 栏杆 ⑭ 门 ⑮ 窗户 ⑯ 黑边

① རྨང་གཞི། ② ཆུ་ལམ། ③ རྡོ་སྐས། ④ མཐོངས་གཞི། ⑤ ཀ་གདན། ⑥ ཕྱི་རྩིག་(ཕྱི་རྩིག) ⑦ ནང་རྩིག་(བར་རྩིག) ⑧ བར་ཐོག
⑨ ཀ་བ། ⑩ སྟེང་ཐོག ⑪ ཡོལ་རྩིག ⑫ ཙ་རྒྱན། ⑬ གློ་འབུར། ⑭ སྒོ། ⑮ སྐར་ཁུང་། ⑯ བག་ཐིག

根据其所处部位和功能的不同，为叙述方便，又可以分为基础、墙体、梁架构件、地面、楼屋面、饰面装饰、门窗及其他构配件等。

1. 基础：是建筑底部与地基接触的承重构件，它的作用是把建筑上部的荷载传递给地基。因此，基础必须牢固、稳定而可靠。

2. 墙体：典型藏式建筑的墙体除个别之外，大多属于承重的结构构件，同时也是属于围护和分隔构件，因此，它不仅应该具备足够的刚度和稳定性，同时要满足围护、使用的要求。墙体按照位置和功能的不同分为：内墙、外墙、隔墙等。

3. 梁架构件：梁架构件是属于传统藏式建筑的主要大木构件，包括柱、梁、椽子木等。主要功能是营造室内空间环境，并起到上部荷载传递至柱础、墙体的作用。

4. 地面：地面的作用是营造良好的室内环境，并支撑人和家具荷载，将其荷载传递至地基，因此，地面应具备足够的承载力和刚度并满足使用要求。

5. 楼屋面：楼屋面属于建筑物横向空间的分隔和围护构件，又是支撑人、家具的荷载并传递至墙、柱的主要构件，因此，楼屋面应具备足够的承载能力和刚度，以满足安全、使用要求。

6.饰面装饰：饰面装饰是墙体、楼、地面上部附加的表皮或面层装饰。主要作用是保护结构构件，美化建筑表面。饰面层应满足美观、坚固、卫生等要求。

7.门窗及其他构配件：门窗及其他构配件包括室内外门和窗户以及散水、台阶、楼梯、栏杆、细部装饰等。

二、木构框架结构体系构造组成

木构框架结构是由木柱和木梁搭建框架，并承担人、家具等荷载；墙体只起到围护和分隔的作用，不承担人、家具等荷载。这种构造类型在传统藏式建筑中的占比不大，主要分布在木材资源丰富的藏东、藏南等地区。

木构框架结构建筑的主要特点是施工速度快，施工受季节的影响因素小，而且可以灵活布置室内空间；缺点是木材的防火、防潮以及保温隔热性能差，木材的需求量大，大量砍伐木材不利于环境保护。

木构框架结构的主要构造组成同墙柱混合承重体系一样，包括承重构件、装饰装修构件及附属构件组合构成。承重构件可分为基础、木柱组成的竖向承重构件和梁、椽、楼、屋面等组成的横向承重构件两个内容。装饰装修包括墙体装饰、楼、地面装饰、门窗木构件装饰等。附属构件包括散水、台阶、隔断、楼梯等。木构框架结构体系构造组成如图1-2所示。

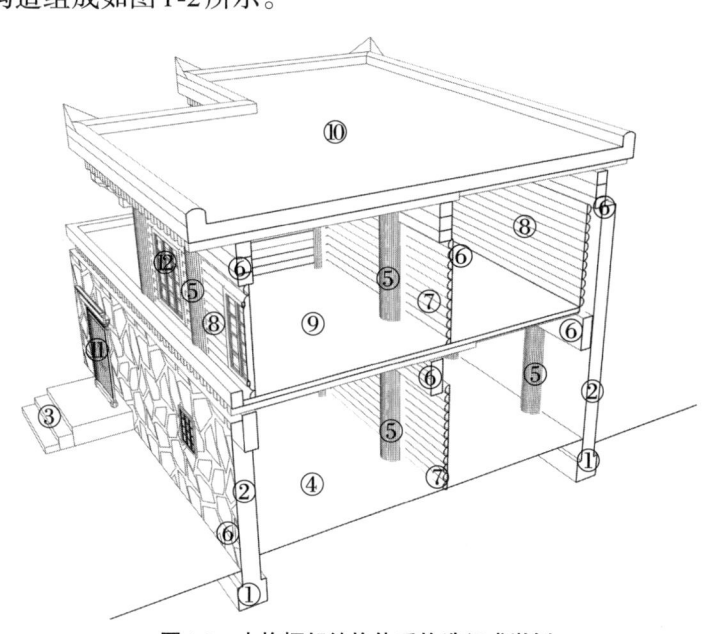

图1-2 木构框架结构体系构造组成举例

① 基础 ② 石砌外围护墙 ③ 台阶 ④ 地面 ⑤ 框架柱 ⑥ 框架梁 ⑦ 室内木隔墙
⑧ 外围护墙（木板墙） ⑨ 楼面 ⑩ 屋面 ⑪ 门 ⑫ 窗户
① རྩིག་རྨང་། ② རྡོ་ཡི་རྩིག་པ། ③ ཐེམ་སྐས། ④ མཐིལ་ལག ⑤ ཀ་བ། ⑥ གདུང་མ། ⑦ ཡང་རྩིག(ཤིང་གི་བཟོས་)
⑧ ཤིང་ཡི་རྩིག་པ། ⑨ པང་ལེབ། ⑩ ཐོག་ཁེབས། ⑪ སྒོ། ⑫ སྒེའུ་ཁུང་།

第四节 常用泥石加工工具

一、常见石匠（砌筑）工具

石匠的主要工作是加工和砌筑墙体；石匠所用到的工具种类不多，常见的有锤子、线绳及铅锤等（图1-3）。

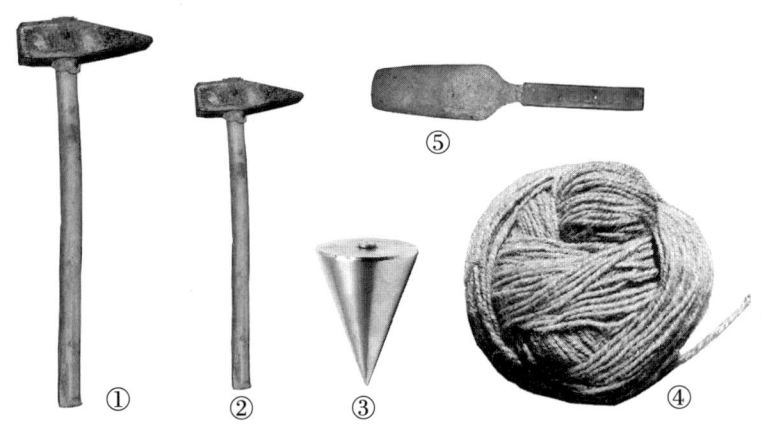

图1-3 常见石匠工具图
① 大锤子 ② 小锤子 ③ 铅锤 ④ 线绳 ⑤ 抹子

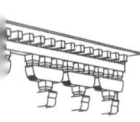

1.锤子

锤子是石匠的主要工具，作用是加工各类石料。常见锤子一端扁平、一端为方形，扁平一端是用来加工、修整石料；方形一端主要在砌筑过程中通过轻打石料来调整石料安装位置。

锤子按照大小的不同，常见的有大、中、小三个型号。大锤子的作用是原料或大石料的初步加工；中锤子的作用是砌筑过程中毛、料石的加工；小锤子的作用是转角位置石料位置的调整及央巴片石等小石料的加工。

2.线绳及铅锤

线绳及铅锤是在墙体砌筑过程中用作于水平和竖向的放线。水平放线时要把线绳固定在墙体两端，拉一条水平线，以此作为砌筑基准，并随着砌筑高度的升高，需要提升线的高度；竖向放线时先将铅锤末端用线绳绑扎，然后通过铅锤自身的重量从墙体某高处往下吊锤，线的末端固定在墙顶，形成的竖向线可以作为砌筑墙体的竖向基准线。当墙体有收分时墙体外侧不需要竖向放线，此时，将铅锤放置于墙体内侧即可。

二、常见泥工（抹灰）工具

常见泥工（抹灰）工具有托灰板及各类抹子（图1-4）。

1. 托灰板

托灰板一般为木制，作用是承托各类砂浆、泥巴等抹灰材料。

2. 抹子

抹子的作用是用来抹灰；抹子按照表面光滑程度的不同，有糙面抹子和光面抹子两种类型。糙面抹子一般为木制，用来抹底灰及表面平整要求较低的抹灰；光面抹子一般为钢质，用来抹面灰及表面平整要求较高的抹灰。

抹子根据形状的不同，又有平头抹子、圆形抹子、三角形抹子等类型。平头抹子一般用来抹普通墙面；圆形和三角形抹子用来抹转角或特殊位置墙面的抹灰。

图1-4　托灰板及各类抹子图
① 托灰板　② 糙面抹子　③ 刷子　④ 圆形抹子　⑤ 平头抹子　⑥ 三角形抹子
① ལག་པང་།　② སོག་པ།　③ ལག་པ།　④ དགྲམ་ཉེ།　⑤ འཇམ་ཉེ།　⑥ དགྲམ་ཉེ།

三、阿嘎土夯打工具

阿嘎土夯打工具主要有博朵和鹅卵石（图1-5）。

1. 博朵（འབོག་ཏོ།）

博朵是夯打阿嘎土的主要工具，常见博朵为圆形，直径250～400mm左右，由花岗岩类石材制作。博朵底面应平整光滑，中间要凿洞固定抓手木棍。

图1-5　阿嘎土夯打工具

2.鹅卵石

鹅卵石的作用是打磨夯打完成后的阿嘎土面层,制作阿嘎土表面小石子纹理。鹅卵石一般为椭圆形,大小没有标准,以握手操作时方便、舒适即可。

四、边玛草墙加工、砌筑工具

边玛草墙砌筑工具有木锤、锤子、灰板、斧子、亚吧、转角固定板等(图1-6)。

1.木锤

木锤的作用是平整边玛草墙表面,即敲打局部凸出或不平整的边玛草墙面。

2.锤子

锤子同石匠锤子,作用是固定木钉和加塞边玛。

3.灰板

灰板形似手,因此藏语名称为"手",灰板的作用是砌筑墙体时束条边玛之间灌泥。

4.斧子

斧子的作用是砍削边玛,整理不平整的边玛束条。

5.亚吧

亚吧同泥工托灰板,是用来承托泥巴、砂浆等材料。

6.转角固定板

转角固定板的作用是定位、固定转角位置的边玛草。

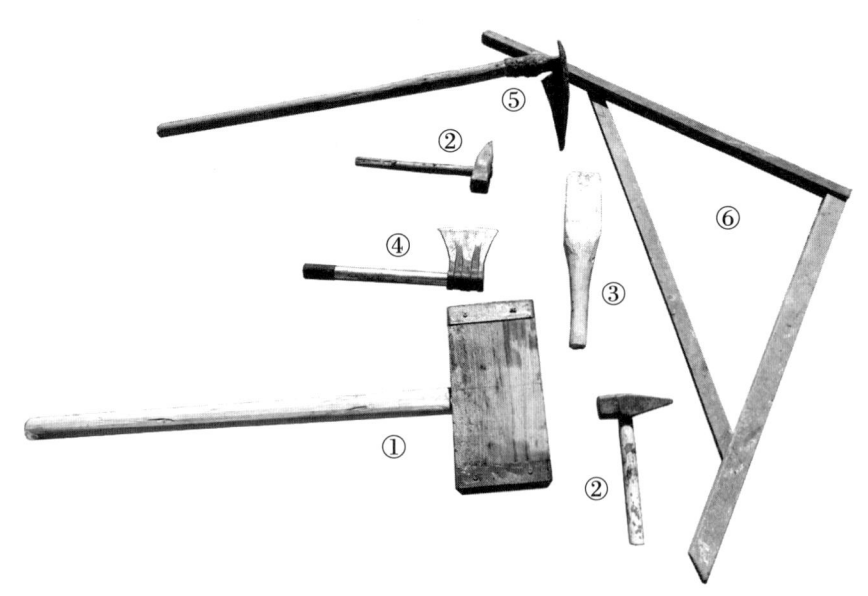

图1-6 边玛草墙砌筑工具
① 木锤 ② 锤子 ③ 灰板 ④ 斧子 ⑤ 亚吧 ⑥ 转角固定板
① ཤིང་ཐོག ② ཐོག ③ ལག་པ ④ སྟ་རེ ⑤ གཡག་པ ⑥ ཟུར་བཏོགས

实训一　古建筑构造认知实训

【实训项目】

古建筑构造认知实训

【实训条件】

根据实际情况选择下列一项作为实践教学场地安排古建筑构造认知实训。

1. 古建筑模型展示室
2. 校内古建筑实训教学基地
3. 学校周边某一典型古建筑群
4. 某古建施工工地

【实训成果】

完成2000字左右的参观报告。报告内容包括以下几点：

1. 参观时间、地点、名称、任务。

2. 参观内容描述，以参观一典型古建筑群为例应包括以下几点：

（1）建筑群体的整体概况，包括建筑群的历史沿革、空间范围、功能划分等；

（2）建筑群中典型建筑简析，列表或按照参观流线介绍建筑的位置、类型、建造年代、构造特征、装饰装修等内容；

（3）建筑环境状况解析，除建筑物之外周围自然环境的描述。

3. 心得体会总结。将参观内容与该课程结合起来，谈谈对本门课程的初步认识及学习努力的方向。

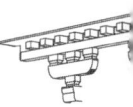

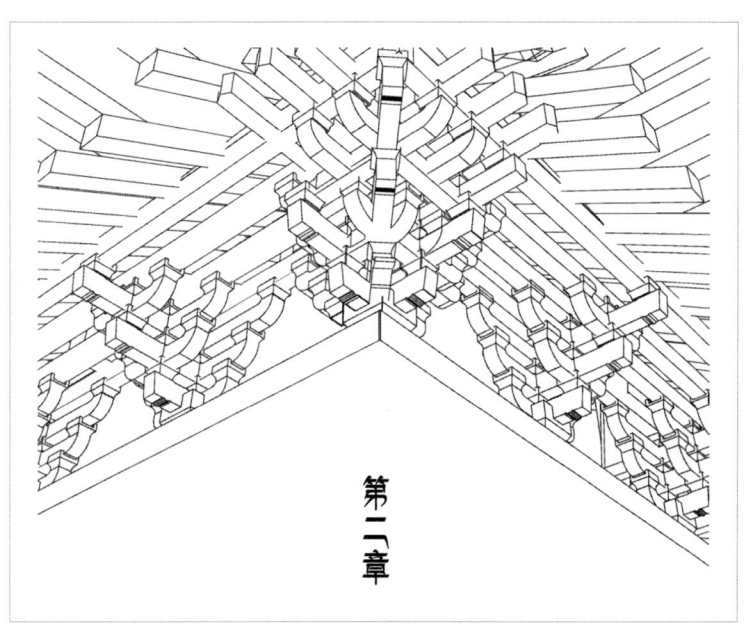

第二章

地基与基础

知识目标：了解地基类型；了解基础类型；

　　　　　　掌握不同地质条件对基础埋深的影响。

能力目标：能够根据不同条件选择适当的基础类型、地垄形式；

　　　　　　掌握人工地基的处理方法及不同类型基础构造，并能够指导施工。

第一节　概述

基础藏语名为"孜芒"" ཙིག་མང་།"，"孜"指墙体，"芒"指基础或条件，"孜芒"即为墙体基础或墙体砌筑条件。从字面可以理解，砌筑墙体的首要条件是需要砌筑基础，基础是保证墙体牢固竖立并且能够安全使用的基本条件。

传统藏式建筑的基础通常出现在墙体下部，是埋置在建筑地面以下的承重构件，基础承受建筑物上部结构传来的全部荷载，并把这些荷载连同本身的重量一起传到地基上（图2-1）。

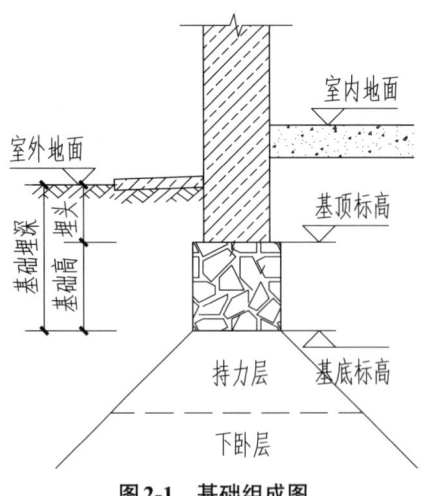

图2-1　基础组成图

山地建筑以及层数较多、规模较大的建筑物，为了加强建筑物的整体稳定，其底层或底部若干层砌筑为地垄墙（地垄层），地垄墙的功能类似于基础，能够起到建筑物与地基之间的联系以及传递荷载的作用，因此，也是属于传统藏式建筑比较特殊的基础类型。

地基则是基础底部，承受建筑物所有重量的土层或岩石层，地基承受荷载的大小随土层深度的增加而减小，在达到一定深度后就可以忽略不计。直接承受建筑物荷载的土层或岩石层称之为持力层，持力层以下的土层称为下卧层。

地基能够承受基础传递的荷载，并且能够保证建筑物正常使用的最大能力称为地基承载力。为了保证建筑物的稳定和安全，基础底面传给地基的平均压力必须小于地基承载力。

基础的形式、材料、埋深以及地基的处理方法将直接影响工程的安全质量和进度。从工程造价上看，地基基础的投资一般占整个建筑物总投资的10%～25%。合理的地基、基础处理方法是减少施工难度、加快施工进度和降低工程造价的有效方法。

第二节 地基

地基按照土质情况的不同，有天然地基和人工地基两种类型。

一、天然地基

凡天然土层具有足够的承载能力，不需要经过人工加固，可直接在天然土层上建造房屋的地基，称为天然地基。天然地基应满足以下要求：①地基应具备足够的承载力；②地基应有均匀压缩变形的能力，以保证建筑物下沉在控制范围内，若地基不均匀下沉超过地基变形允许值时，建筑物上部会产生裂缝和变形；③地基应具有防止产生滑坡、倾斜方面的能力；④地基应有抵御地震、爆破等动力荷载的能力。

常见天然地基主要包括岩石、碎石土、砂土、粉土、黏性土和人工填土等，具体特征详表2-1。

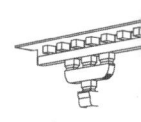

常见天然地基类别及承载力标准值　　表2-1

类别	定义	分类	承载力标准值（kPa）
岩石	为颗粒间牢固连接，呈整体或具有肌理裂隙的岩体	根据其坚固性可分为硬质岩石（花岗岩、玄武岩等）和软质岩石（页岩、黏土岩等）；根据其风化程度可分为微风化岩石、中等风化岩石和强风化岩石等	200～4000

续表

类别	定义	分类	承载力标准值（kPa）
碎石土	粒径大于2mm的颗粒、含量超过全重50%的土	根据颗粒形状和粒组含量又分漂石、块石（粒径大于200mm）；卵石、碎石（粒径大于20mm）；圆砾、角砾（粒径大于2mm）	200～1000
砂土	粒径大于2mm的颗粒、含量不超过全重的50%，粒径大于0.075mm的颗粒、含量超过全重50%的土	根据其粒径大小和占全重的百分率不同分为砾砂、粗砂、中砂、细砂、粉砂等5种	140～500
粉土	塑性指数＜10且粒径大于0.075mm的颗粒、含量不超过全重50%的土，介于砂土与黏性土之间	按塑性指数值的大小分为黏土和粉质黏土两大类	105～410
黏性土	黏性土为塑性指数＞10的土	黏土、粉质黏土	105～475
人工填土	经人工堆填而成的土，土层分布不均匀，压缩性高，浸水后湿陷，承载力较低，这种土一般不允许直接作为建筑物的地基	根据其组成和成因可分为素填土、杂填土、冲填土。素填土为碎石土、砂土、粉土、黏性土等组成的填土；杂填土为含有建筑垃圾、工业废料、生活垃圾等杂物的填土；冲填土为水力冲填泥砂形成的填土	65～160

二、人工地基

当地基土质条件较差，承载力和稳定性达不到要求时，对土层进行人工处理，直到能够满足承载力，这种经过人工处理的地基称为人工地基。

常用人工加固地基的方法有辗压夯实法、换土垫层法、排水凝固法、振密挤密法、置换及拌入法、土工聚合物等，具体原理详见表2-2。

常见人工地基类别及原理、适用范围　　　　表2-2

分类	处理方法	原理及作用	适用范围
碾压及夯实	重锤夯实法，机械碾压法，振动压实法，强夯法（动力固结）	利用压实原理，通过机械碾压夯击，把表层地基土压实，强夯则利用强大的夯击能，在地基中产生强烈的冲击波和动应力，使土体动力固结密实	碎石、砂土、粉土、低饱和度的黏性土、杂填土等。对饱和黏性土可采用强夯法
换土垫层	砂石垫层、素土垫层、灰土垫层、矿渣垫层	以砂石、素土、灰土和矿渣等强度较高的材料，置换地基表层软弱土，提高持力层的承载力，减少沉降量	暗沟、暗塘等软弱土地基
排水固结	天然地基预压，砂井预压，塑料排水板预压，真空预压，降水预压	通过改善地基排水条件和施加预压荷载，加速地基的固结和强度增长，提高地基的稳定性，并使基础沉降提前完成	饱和软弱土层；对于渗透性很低的泥炭土，则应慎重
振密挤密	振冲挤密，灰土挤密桩，砂桩，石灰桩，爆破挤密	采用一定的技术措施，通过振动或挤密，使土体孔隙减少，强度提高；也可在振动挤密的过程中，回填砂、砾石、灰土、素土等，与地基土组成复合地基，从而提高地基的承载力，减少沉降量	松砂、粉土、杂填土及湿陷性黄土

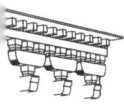

续表

分类	处理方法	原理及作用	适用范围
置换及拌入	振冲置换，深层搅拌，高压喷射注浆，石灰桩等	采用专门的技术措施，以砂、碎石等置换软弱土地基中部分软弱土，或在部分软弱土地基中掺入水泥、石灰或砂浆等形成加固体，与周边土组成复合地基，从而提高地基的承载力，减少沉降量	黏性土、冲填土、粉砂、细砂等
其他	灌浆，冻结，托换技术，纠偏技术	通过独特的技术措施处理软弱土地基	根据建筑物和地基基础情况确定

第三节 基础

基础埋置于地下，如同树根一样，如果树根不牢固，在飓风、暴雨和地震等自然灾害来临时树木很容易倒塌；树根一旦损坏，再茂密的树木也是必死无疑，难以挽救。基础作为建筑物的根部，埋置于地面以下，属于隐蔽工程，如果在后期的使用过程中出现问题，不但维修技术难度大，而且需要投入的人力、物力、财力都相当得大。因此，从一开始基础必须要保证在地下牢牢树立而且具备一定的承载、传载和抗倾倒能力，才能满足建筑物的安全和长久使用。

一、基础埋置深度

从基础底面到室外设计地面的垂直距离叫作基础的埋置深度（图2-1）。基础的埋置深度应适当，如果埋深过浅会影响建筑物的整体稳定性和基础的耐久性，埋深过深会增加投入的人力、物力和财力，造成不必要的浪费。因此，基础的埋置深度应从地基的承载能力，建筑物的高低、大小，地下水位高低，冻土层的深度等因素综合确定。不同的建筑高度和地质条件对基础埋深的要求不尽相同。在实际工作过程中，新建建筑物的基础埋置深度应由工程地质勘查单位对其建设场地的地质情况进行勘探，在此基础上确定基础的埋置深度。

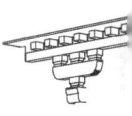

在现代钢筋混凝土建筑工程中，基础埋深≤5m时称为浅基础，大于5m时称为深基础。传统的藏式建筑除岩石地基外，基础埋深深度一般为0.5～1.0m左右，所以大部分为浅基础。修建在山坡上的建筑物如果下部有坚固的山石则埋深会更浅，有时可以不开基槽，将基础位置的山石渣土清理干净即可将基础砌筑于山石上。如拉萨帕邦喀主殿（图2-2a）（彩图七）。当山体坡度较大时，为了防止墙体出现滑坡现象，同时为了加强墙体的稳定，应将山体开凿为阶梯形，然后砌筑墙体（图2-2b）。

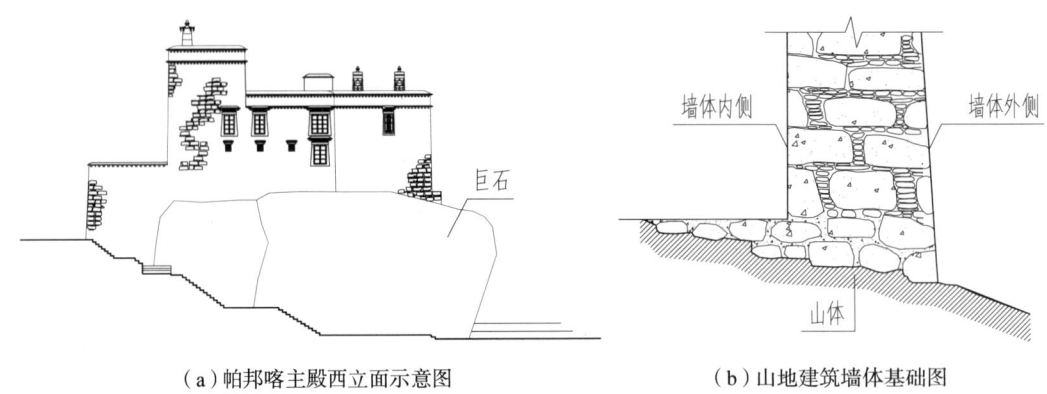

(a) 帕邦喀主殿西立面示意图　　　　(b) 山地建筑墙体基础图

图2-2　山地建筑基础构造图

当建筑物修建在平坦的场地时，新建建筑物的基础埋深深度可参考地质勘查单位对建设场地的地质勘探报告并予以科学判定基础埋深。一般情况下新建建筑物基础埋深影响因素主要有以下几点：

1. 与地基的关系

基础埋置于地基土层内，地基土层的质量直接影响建筑物的稳定和安全，基础不能埋在承载力低、压缩性高的软弱土层上。如土层有两种土质构成，上层土质好而且具有足够的厚度，则宜埋在上层范围内；反之，上层土质差而厚度浅，则宜埋在下层范围内。

2. 地下水位的影响

地下水对某些土层的承载能力影响很大，如黏性土在地下水位上升时，因含水量增加而膨胀，使土的强度降低；当地下水下降时，基础将产生下沉。为避免地下水的变化而影响地基承载力，防止地下水对基础施工带来的麻烦，一般基础应争取埋在最高地下水位以上（图2-3a）。当地下水位较高，基础不能埋在最高水位以上时，宜将基础底面埋置在最低地下水位以下0.2m（图2-3b），此时，基础应采用毛石、片石和卵石等不透水材料。

3. 冻土深度对基础的影响

冻结土与非冻结土的分界线称为冻土线。每个地区的气候条件不同，冻土深度也不同，例如拉萨的冻土深度为0.3~0.5m，那曲则可以达到2.8m。地基土冻结后，是否对建筑产生不良影响，主要看土冻结后会不会产生冻胀现象，若产生冻胀现象，会把房屋向上拱起，当土层解冻后，基础又下沉。这种冻融循环，使房屋处于不稳定状态，会产生建筑物开裂等现象。因此，若地基土存在冻胀现象，基础应埋置在冻土线以下0.2m。

4. 其他因素对基础埋深的影响

除考虑以上因素外，新建建筑物基础的埋深应考虑旧建筑物基础的基础埋深情

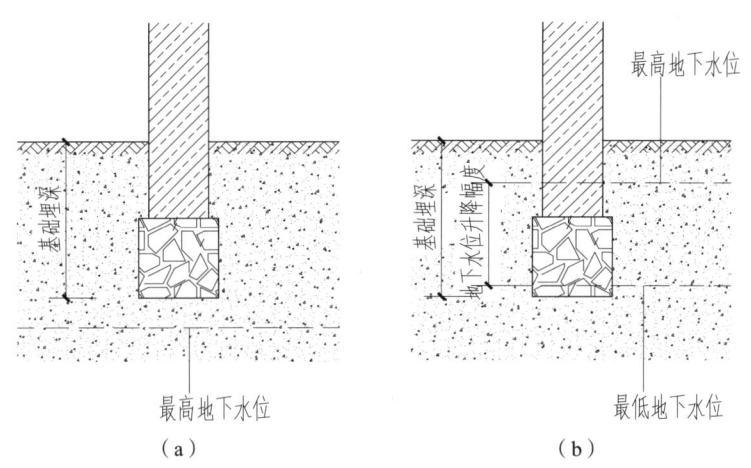

图2-3 地下水位与基础埋深

况,一般新旧建筑物的基础应保留 $L=1H\sim 2H$ 的距离,以适应不同沉降以及外力作用时相互影响而破坏建筑物(图2-4)。

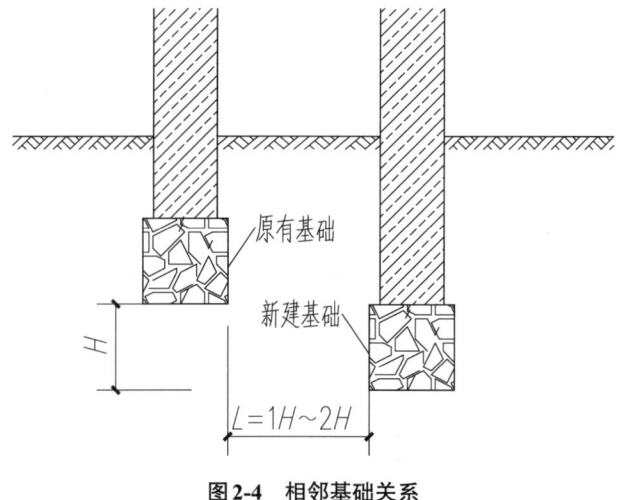

图2-4 相邻基础关系

二、基础类型

基础按照所处位置及布置方法的不同,划分为墙下条形基础、柱下柱础以及地垄墙等三种类型。

1.墙下条形基础

沿着内、外墙体下部,连续砌筑形成的基础称之为墙下条形基础,是传统藏式建筑最普遍的基础形式。

(1)墙下条形基础按照砌筑材料的不同,有碎石基础、乱石基础、卵石基础、片石基础、块石基础等多种类型,但是我们可以根据砌筑材料加工程度的不同,划分为毛石基础和粗料石基础两种类型。

①毛石基础：是在已开挖的基坑内，按照石材的天然形状，填充碎石、乱石、卵石、片石、块石等材料，并进行夯实处理的基础类型。毛石基础是传统藏式建筑最为普遍的基础类型，具有构造简单，施工方便，承载力较好的特点。需要注意的是砌筑基础时为了防止因地下水的影响而基础、墙身受潮，一般需要干砌，即石料之间不宜铺浆（黄泥砂浆）。但是在现阶段，砌筑新建建筑物的基础时，为了加强毛石之间的联系，常用水泥砂浆作为砌筑砂浆来砌筑，这种基础称之为浆砌毛石基础，也是目前使用普遍的基础类型之一。

②粗料石基础：是将石料（一般选用花岗石石材）加工成具有一定形状，一定规格的块石，然后按照错缝搭接进行砌筑的基础。粗料石基础因为料石表面平整，石料之间的粘结较好，整体强度比毛石基础要强，但是相对而言，料石基础应用不广，属于比较罕见的基础类型。

（2）墙下条形基础按照截面形式的不同，划分为无扩展基础和扩展基础两种类型。

1）无扩展基础

基础截面呈矩形，没有阶梯式收分的基础称之为无扩展基础。无扩展基础是传统藏式建筑最常见的基础截面形式，施工时应注意以下几点：

①当基础埋深较浅时，宜选择碎石、卵石、片石、毛石等材料干砌基础至室外地面高度，然后从基础顶部开始浆砌（湿砌）墙体（图2-5a，图2-5b）。

②当基础埋深较深时，宜选择浆砌毛石（水泥砂浆砌筑毛石）基础，此类基础虽不是最普遍的传统做法，但是在现阶段，新建藏式建筑或围墙修建工程中，也是属于应用比较广泛的基础类型（图2-5c，图2-5d）。

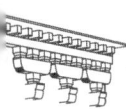

③基础与勒脚收分处的宽度不宜过大，一般为200mm左右；基础高度参考《村镇建筑抗震技术规程》应符合下式要求：

$$H_0 \geq (b-b_1)/3$$

式中：H_0——基础的高度；

b——基础底面的宽度；

b_1——墙体的厚度。

2）扩展基础

扩展基础又称阶形基础，是基础做有一定的收分，截面呈阶梯形状的基础。扩展基础底部宽度根据材料的刚性角来确定，因此又称为刚性基础。

在新建的藏式建筑中我们不局限于传统的基础做法，可以根据实际情况选择砖、毛料石、混凝土等不同材料进行合理的建造基础。这些材料具有很强的抗压强度，但是抗弯、抗剪强度不高，即韧性很低。

扩展基础受到材料刚性角的限制很大，因此需要清楚的掌握刚性角的概念和要

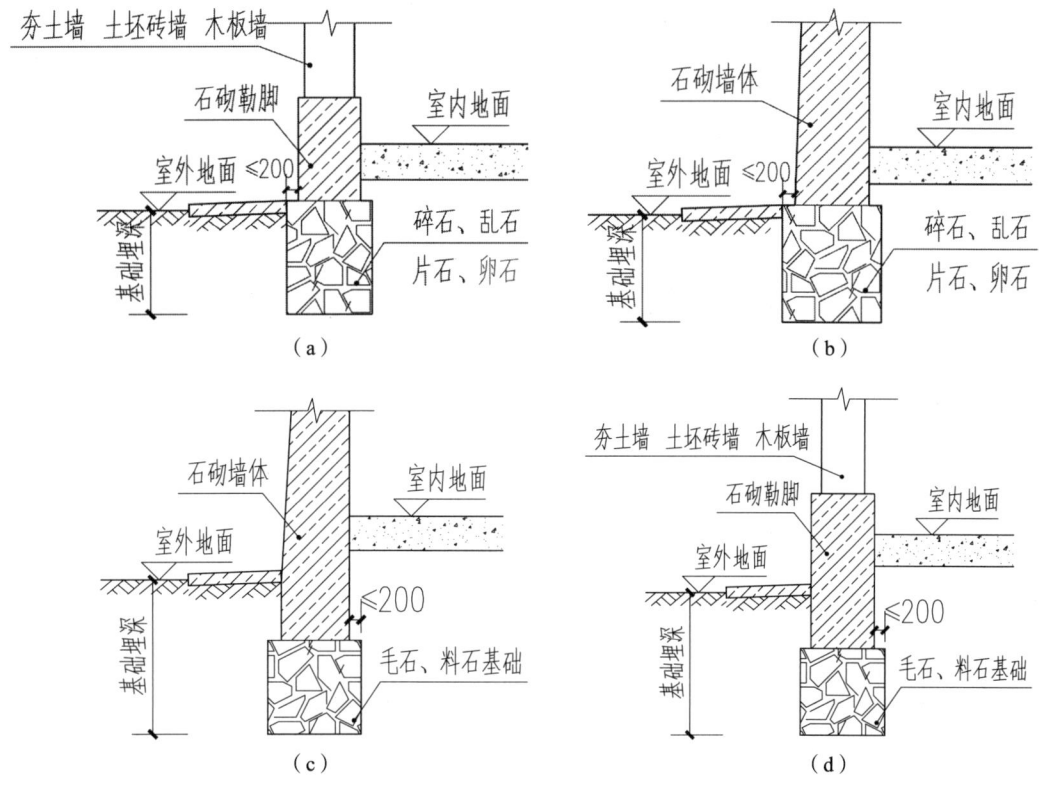

图 2-5　无扩展基础

点是非常必要的。刚性角即基础放宽的引线与墙体垂直线之间的夹角 α，如图 2-6 (a) 所示；刚性角的大小可以通过基础放阶的级宽与级高之比值来表示，所以在设计时，要求基础的外伸宽度和基础高度的比值在一定限度内，以避免发生基础内的拉应力和剪应力超过其材料强度设计值而发生剪切破坏，如图 2-6 (b) 所示。具体的限制值见表 2-3。

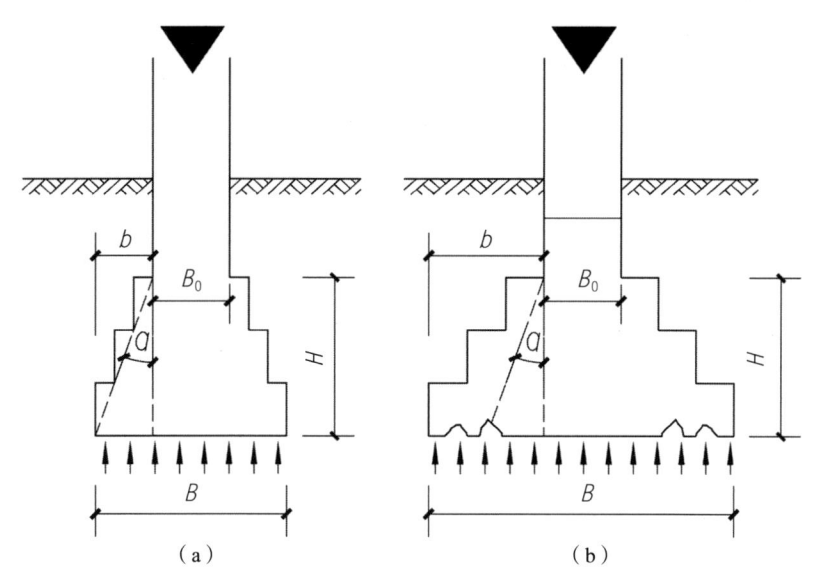

图 2-6　刚性基础

刚性基础台阶高宽比的允许值　　表2-3

基础类型	基础材料	P*≤100	100＜P≤200	200＜P≤300
		台阶宽高比允许值 B:H		
混凝土基础	C15混凝土	1:1.00	1:1.00	1:1.25
毛石混凝土基础	C15混凝土	1:1.00	1:1.25	1:1.50
砖基础	砖不低于MU10，M15砂浆	1:1.50	1:1.50	1:1.50
毛石基础	M15砂浆	1:1.25	1:1.50	—

* P为基础底面处的平均压力，单位为kPa

刚性基础的放脚及刚性角参考《村镇建筑抗震技术规程》应满足以下要求：

①阶梯形石基础的每阶放出宽度，平毛石不宜大于100mm，每阶应不少于两层；毛料石采用一阶两皮时，不宜大于200mm，采用一阶一皮时，不宜大于120mm。基础阶梯应满足下式要求：

$$H_i/b_i \geqslant 1.5$$

式中：H_i——基础阶梯的高度；

b_i——基础阶梯收进宽度。

②平毛石基础砌体的第一皮块石应座浆，并将大面朝下；阶梯形平毛石基础，上阶平毛石压砌下阶平毛石长度不应小于下阶平毛石长度的1/3；相邻阶梯的毛石应相互错缝搭砌，如图2-7（a）所示。

③料石基础砌体的第一皮应座浆丁砌；阶梯形料石基础，上阶石块与下阶石块搭接长度不应小于下阶石块长度的1/2，如图2-7（b）所示。

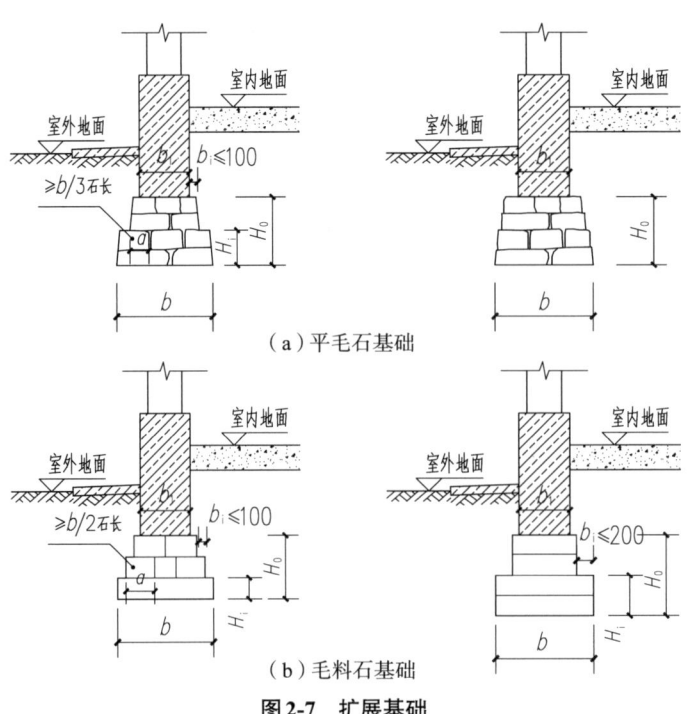

图2-7　扩展基础

2.柱础

柱础作为传统藏式建筑木柱底部的特殊构件,它的作用是一方面保护木柱根部不受地表水以及人为活动的影响;另一方面是增大柱子底部受力面积,从而减小木柱位置地基土层所承受的应力而有效防止柱子下沉、地面开裂等现象。

柱础一般选用本地花岗石等不透水材料,平面形制可以根据实际需求,加工成圆形、方形、多边形等不同形状。常见柱础平面形制有方形和圆形两种。

施工时应先准确定位木柱和柱础位置,然后开挖柱础基槽。当地下土层的土质条件较好,不存在松动等影响结构安全的土层且上部荷载较小时,可以将柱础直接埋置于地基土层范围内,如图2-8(a)所示;反之,当地基土层土质条件较差,且上部荷载较大时,为了加强整体稳定性,柱础底部需要先砌筑毛石、料石、卵石等材料的柱下独立基础,待基础砌筑完成后在基础顶部安装柱础,然后覆土夯实予以固定柱础,如图2-8(b)所示。需要注意的是①为了保证柱础的稳定,柱础在地面以下的埋置深度不宜小于100mm;②柱础与木柱之间为了保证连接牢固,宜在木柱底部和柱础上部开挖暗销孔,孔的直径和深度一般为80mm,孔内插入木销,木销的截面尺寸宜稍微小于孔的孔径,以便在轻微外力作用时有一定的活动空间,不至于在轻微外力作用时直接截断木销而失去连接。

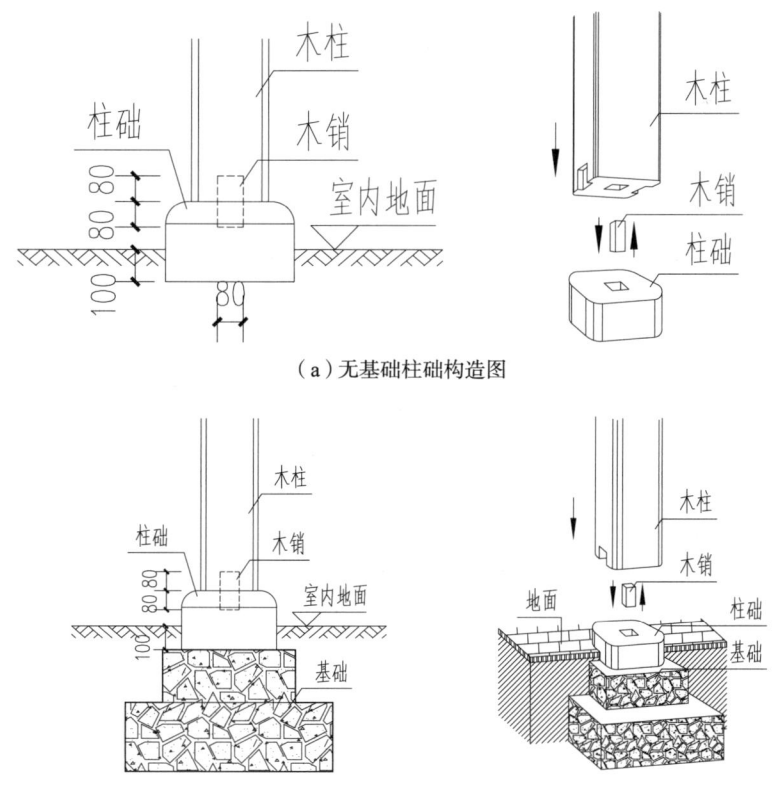

(a)无基础柱础构造图

(b)有基础柱础构造图

图2-8 柱础构造图图

3.地垄墙

地垄墙是建筑物的底层或底部若干层采用砖石或夯土墙砌筑成具有一定规律，能够起到承载、传载以及稳固建筑作用的一种墙体，是传统藏式建筑特殊的基础类型。

（1）地垄墙的应用范围

地垄墙的使用范围主要有三种：

①当地基土层湿度较大时，可以将建筑物的底层采用不透水材料砌筑成具有一定高度的架空层（地垄层），这种方法因为室内地面与大地分开，可以有效地防止室内地面受到地下水的影响而受潮破损现象。如罗布林卡乌尧坡章，图2-9（a）所示。需要注意的是，在潮湿的环境砌筑墙体时墙体要干砌，不宜采用砂浆砌筑（黄泥砂浆）；

②当建筑物修建在不平整的山坡上时，为创造室内平整的地面环境，可以通过砌筑地垄墙的方法进行平整场地，这种做法相对于整体填埋场地的做法可以有效地节约人力、物力、财力，并且在地垄墙（地垄层）内形成的空间可兼作仓储空间，可以有效地增加建筑物的使用面积，是一种常见的山地建筑基础处理类型之一，如甘丹寺荣康，图2-9（b）所示；

③当建筑物层数较多，体量较大时，为了加强建筑物的整体稳定性，可以在底层修建兼具仓储和基础功能的地垄墙（地垄层），如山南郎色林庄园，图2-9（c）所示。

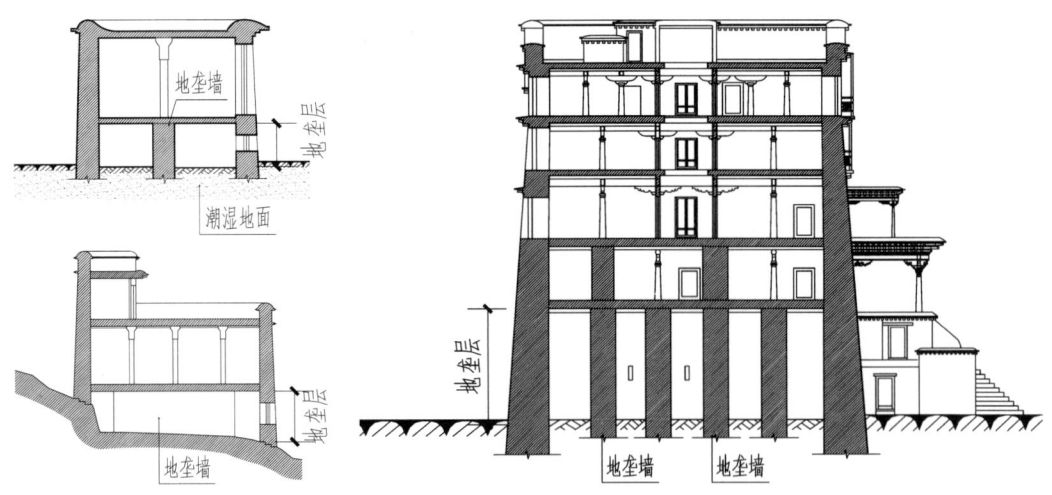

（a）罗布林卡乌尧坡章剖面图（左上）　（b）噶丹寺荣康剖面图（左下）　（c）郎色林庄园剖面图（右）

图2-9　不同形式地垄剖面图

（2）地垄墙的布置

地垄墙可以布置在建筑物的某一个局部位置，也可在建筑物的底层或底部若干层整体布置。平面形式可以是单排的，也可以是双排的，也可以是多排的，总之，布置形式是灵活多样的，如图2-10所示。布置时应综合考虑地形条件、建筑物的结构形式、建筑物跨度、高度等因素，具体应注意以下几点：

①地垄墙的方向：当建筑物位于平坦的场地时，地垄墙的方向根据上部结构的需求，可以布置成纵向、横向或双向，如图2-10（a）、（b）、（e）等所示；当建筑物位于有坡度的山坡上时，为了防止墙体侧滑倒塌而影响建筑物的使用安全，地垄墙宜沿着坡度方向、垂直于等高线方向布置。如图2-10（f）所示。

②地垄墙的厚度及墙间净距：地垄墙的厚度和净距根据建筑物的整体高度、上部结构的需求以及外墙收分的多少等综合考虑，常见地垄墙厚度一般为1~1.5m，布达拉宫等高层建筑地垄墙的厚度最大可达3~4m；地垄墙的净距一般为1~2.5m左右。

③地垄墙的排列：地垄墙排列形式根据建筑物的跨度或者说地垄墙的长度来确定。当建筑物的跨度较小，地垄墙的长度较短时，地垄墙可以布置为单排；单排的布置形式也是多样的，可以在室内中间位置布置，也可以在室内一侧布置，如图2-10（a）、（b）、（c）所示；当建筑物的跨度较大时，如果修建的地垄墙长度过长，容易失去墙体的稳定而出现安全隐患，此时，宜把地垄墙布置成双排或多排，以保证地龙层的整体稳定。如图2-10（d）、（e）所示。

④其他：地垄墙对应的，上一层位置应确保为柱子或墙体，以起到良好的承载、传载作用；地垄层不宜做成完全封闭的空间，地垄墙与墙之间应保留一定的距离，以起到空气的流通和地垄层检修、仓储活动的需要；地垄层外围护墙体上需要开设通风孔或采光窗口，以起到室内空气的流通，防止受潮而影响室内构件的破损；通风口的位置根据当地风向，最好在多面外墙上布置（图2-10e），但是当条件确实不允许时，可以在单面墙上开设通风窗口，如图2-10（f）所示。

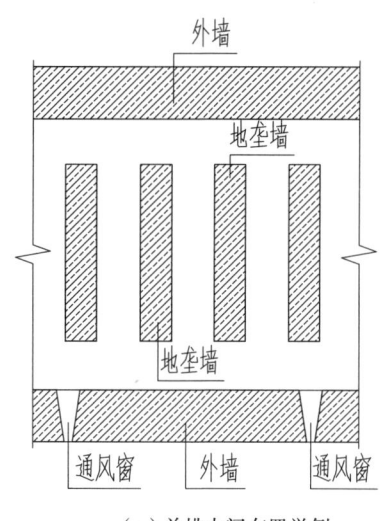

（a）单排中间布置举例

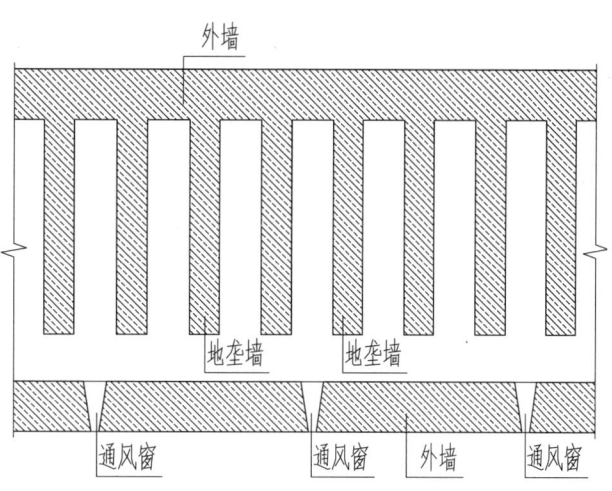

（b）单排侧面布置举例

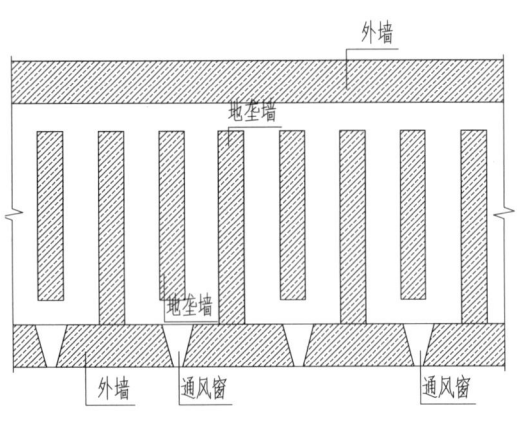
(c)单排综合布置举例

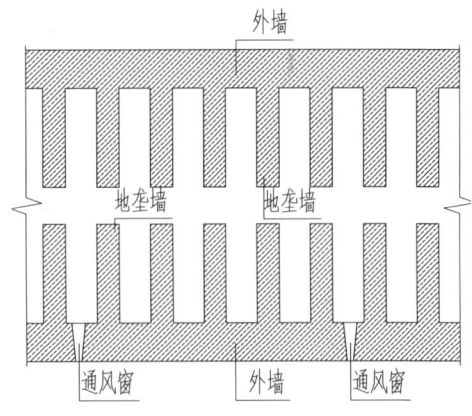
(d)双排布置举例

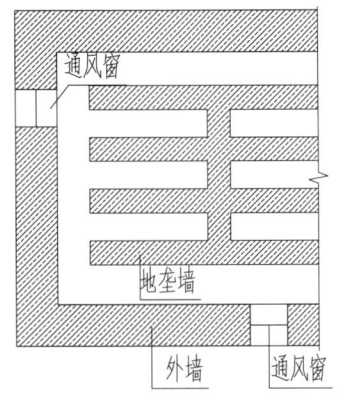
(e)双向布置举例

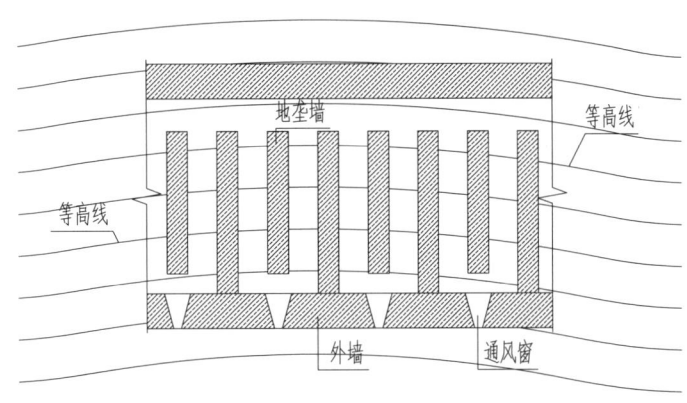
(f)山地地垄墙布置举例

图2-10 各类地垄墙布置平面图

实训二 古建地垄墙认知实训

【实训项目】

古建地垄墙认知实训

【实训条件】

选择下列一项作为实践教学场地,完成古建地垄墙认知实训。

1. 八角街某古建大院
2. 某古建施工现场

【实训成果】

完成1000字左右的参观报告。报告内容包括以下几点:

1. 参观时间、地点、名称、任务。
2. 参观内容描述(以参观八角街某古建为例)

（1）建筑的位置、历史沿革、建造年代、结构类型等；

（2）地垄墙的布置形式、构造特征，地垄墙与上部结构的关系等。

3. 总结。将参观内容与该课程结合起来，谈谈对古建地垄墙的初步认识。

实训三　基础选型及构造设计实训

【实训项目】

基础选型及构造设计实训

【建筑概况】

拟建场地：拉萨市区；

建筑结构：石木混合结构；

建筑层数和高度：单层；层高3.3m；平面布置详见图2-11；

拟建场地地质概况：碎石土（承载能力600kPa）；地下水位：-3m；冻土深度：0.5m。

【实训成果】

试完成该建筑物的基础选型及基础平面布置图、基础大样图的绘制。图纸要求如下：

基础平面布置图（1:100）；

基础大样图（1:10）；要求详细标注基础材料以及基础埋深等细部尺寸。

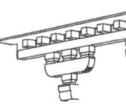

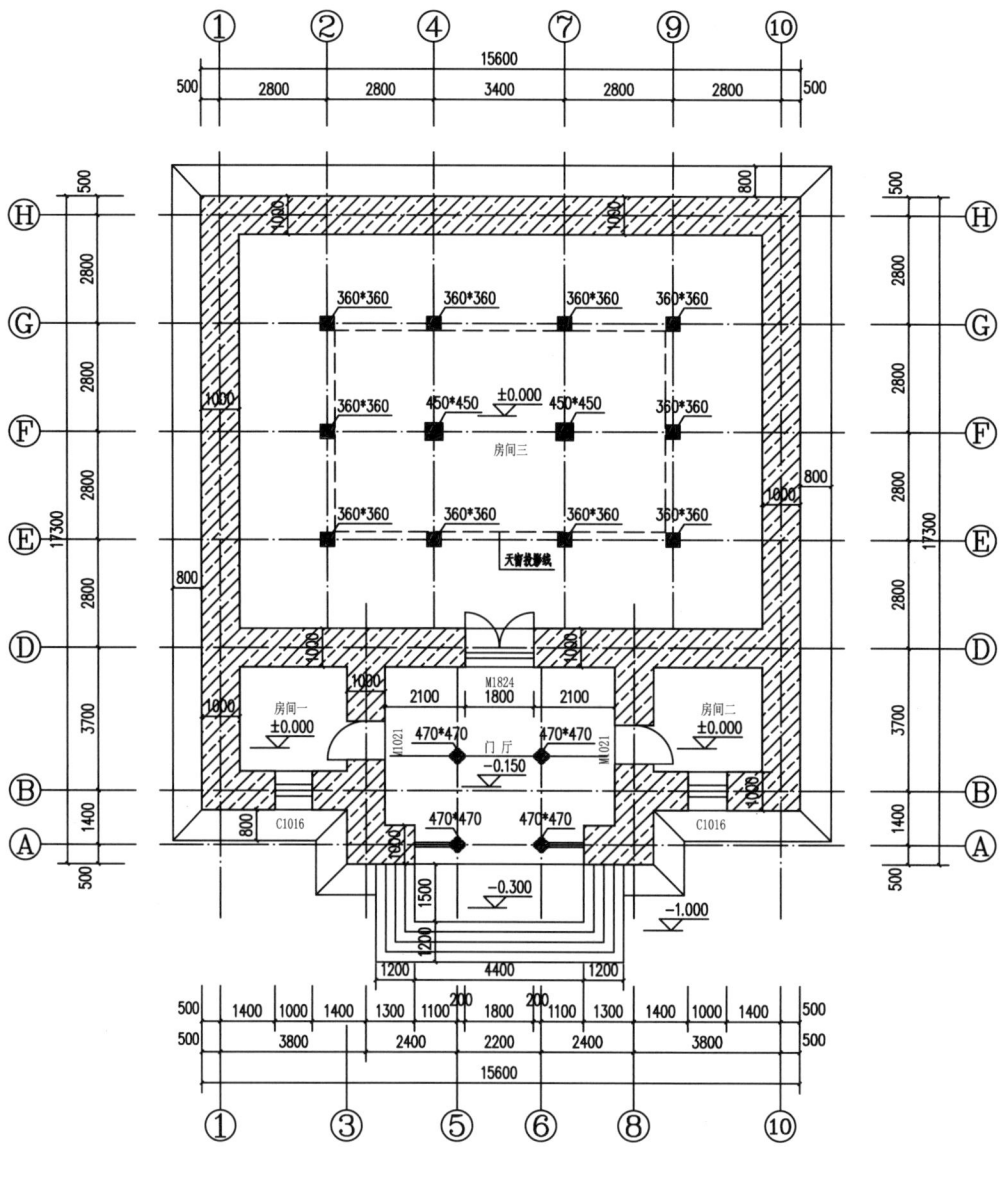

图 2-11 平面布置图

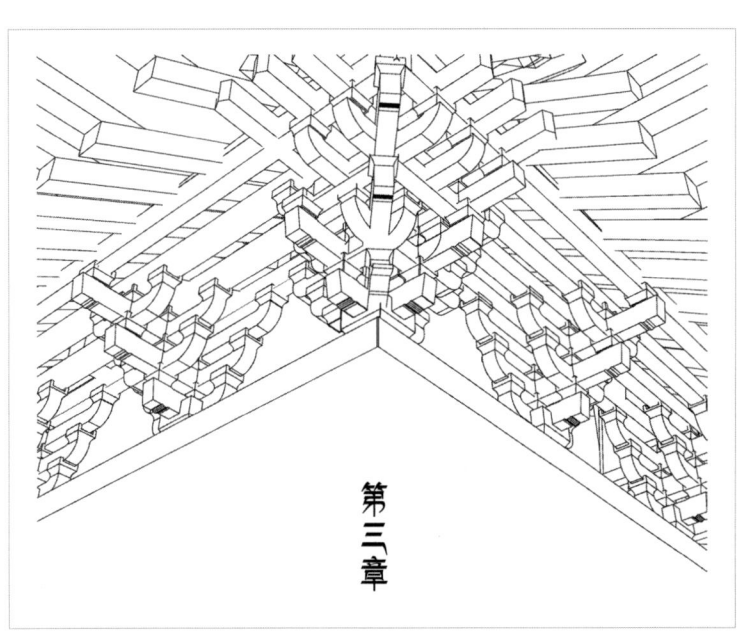

第三章

台阶 地面 散水

知识目标：了解台阶、地面、散水的类别；
掌握台阶、地面、散水构造及施工要点。

能力目标：能够根据不同的建筑形式、功能需求选择合适的台阶、地面；
能够根据台阶、地面和散水构造及施工要点指导施工。

台阶、地面、散水作为建筑物最下部的构件，直接接触地基土层，并且如散水裸露在室外的构件经常要遭受风雨的侵袭和人为机械的磨损。因此，这几类构件一方面要具备足够的刚度和强度，以起到良好的承载、传载以及抵御外力的作用；另一方面要做好地表水的排水以及地下水的防潮工作，尤其室内地面，当地下水位较高，地基土层的湿度较大时，如果处理不当，会受到地下水的毛细作用而受潮、腐蚀构件，影响建筑的耐久使用。

传统藏式建筑台阶、地面、散水的修造，遵循着就地取材，灵活处理，形式与功能相统一的原则。按照建筑类别、建筑规模以及地理环境等不同，将形式美与使用功能有机联系，形成具有地方特色的修造技术和建筑艺术表现手法。本书以宫殿、寺庙、园林等重要建筑中常见的台阶、地面、散水做法为重点，介绍常规构造做法。

第一节 台阶

台阶藏语名为"垛架"（རྡོ་འཛེགས་），意思指"采用石头抬上去"，故藏式建筑中的台阶大多以石砌为主。一般使用于建筑物室内外高差处的联系和室内局部高差之间的联系，是建筑竖向交通的组成构件。

台阶的主要作用当然是处理建筑物高差处的流线，除此之外，在传统藏式建筑中，台阶对于表现建筑艺术的作用也是非常突出的。如布达拉宫，由于依山而建，为了解决山地高差，巧妙地将室外台阶随山地坡度蜿蜒曲折的布置，解决了高差处流线的同时加强了建筑物与整体环境之间的有机联系，美化建筑整体效果，使建筑物很好地融合于环境当中，成为藏式建筑的典范，图3-1是布达拉宫正立面；朗色

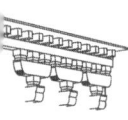

林庄园为了体现贵族高贵的身份，主楼修建成高7层，同时，为了迎合高层建筑整体效果，把入口台阶处理成两层楼高，较好地解决了建筑体量的关系，又丰富了外立面效果，图3-2是朗色林庄园主楼正面；另外，如甘丹寺措勤大殿入口台阶、敏珠林寺入口台阶以及普通寺庙建筑的各类台阶无不体现着台阶在传统藏式建筑艺术处理手法上的重要作用（图3-3–图3-6）。

图3-1　布达拉宫正面照片

图3-2　朗色林庄园主楼正面照片

图3-3　甘丹寺措勤大殿入口台阶

图3-4　敏珠林寺入口台阶

图3-5　冲康庄园入口台阶

图3-6　普通建筑入口台阶

一、台阶类别

台阶按照构造方法的不同，划分为无防护墙台阶和有防护墙台阶两种类型；

按照台阶平面布置形式的不同，划分为侧跑式台阶、直跑式台阶、双跑式台阶和三跑式台阶等类型（图3-7，图3-8）。

1.侧跑式台阶：人流从侧面解决的台阶类型，这种台阶可以适当地节约室外疏散空间，同时具有布置灵活的特点。侧跑式台阶可以根据台阶高度设置安全防护墙，但是如果台阶高度不高，一般不用设置防护墙（图3-8a）。

2.直跑式台阶：人流从正对入口或大门方向解决的台阶类型，这种台阶具有流线简便的特点。直跑式台阶根据有无护墙又可以划分为无护墙直跑式台阶和有护墙直跑式台阶两种形式。其中，无护墙直跑式台阶在传统藏式建筑中属于最简单、最常见的一种台阶形式；不管是民居建筑、寺庙建筑还是其他类型的建筑，其室内、室外有高差的地方均可以看到此类台阶；无护墙直跑式台阶的主要作用是解决高差处的联系，更多是从使用功能的角度考虑，对于立面外观效果的考虑较少。有护墙直跑式台阶一般出现在寺庙类建筑入口处，它的作用不仅仅是要满足使用功能，还需要综合考虑立面效果（图3-8b）。

3.双跑式台阶：人流从两侧解决的台阶类型，这种台阶一般设置在大型建筑的主要入口处。双跑台阶可以创造很好的艺术效果，是属于寺庙类大型建筑常见的台阶形式，一般都带有护墙，很少出现无护墙的双跑式台阶（图3-8c）。

4.三跑式台阶：人流从三个方向解决的台阶类型，台阶的剩下一面依靠建筑物的墙体，因此，三跑式台阶一般不设置护墙；此类台阶因为具有良好的视觉效果被广泛应用于宫殿、寺庙等重要建筑入口处。三跑式台阶按照布置方法的不同，又可以划分为普通三跑式台阶和带有不同梯段楼梯的组合三跑式台阶等类型（图3-7）。

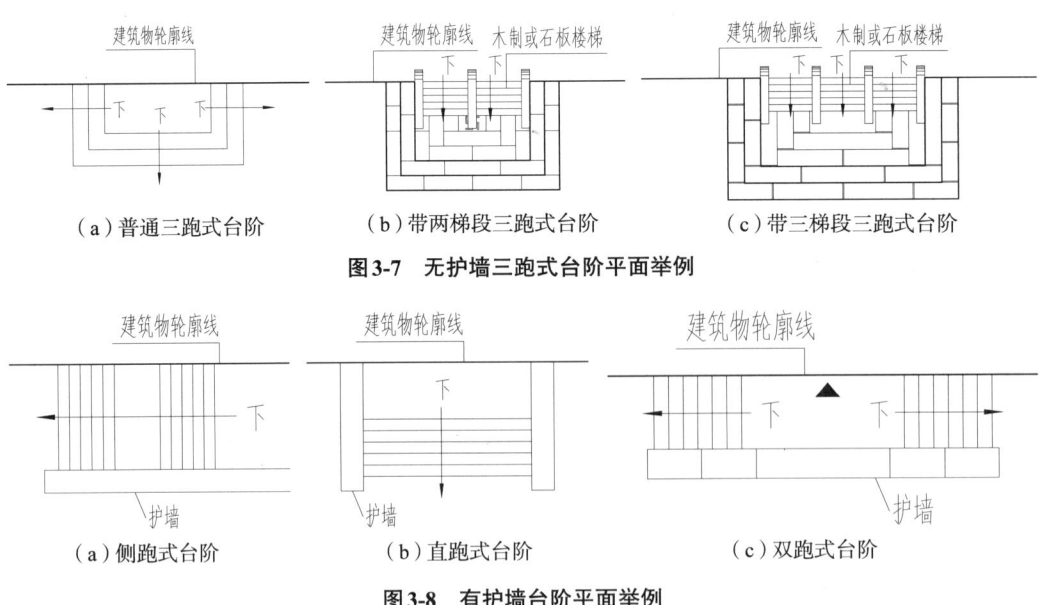

（a）普通三跑式台阶　　（b）带两梯段三跑式台阶　　（c）带三梯段三跑式台阶

图3-7　无护墙三跑式台阶平面举例

（a）侧跑式台阶　　（b）直跑式台阶　　（c）双跑式台阶

图3-8　有护墙台阶平面举例

二、台阶构造及名称

台阶的主要组成构件有踏步和护墙两个。

1.踏步：由踏面、踢面、休息平台三个部分组成。踏步尺寸根据高差大小、建筑性质，人流多少以及材料规格等综合考虑。一般，建筑物室外台阶踏面宽度240～300mm不等；踢面高度140～160mm不等；山地建筑的台阶可以根据地势坡度的大小适当加大或缩小尺寸，以符合实际情况。

2.护墙：一般以石砌墙体为主，外观形制同普通石砌墙体相同，不同的是因为此类台阶下部通常由梁架构件架空形成封闭的架空空间，为了避免该空间潮湿而腐蚀梁椽构件，一般在护墙上需要开设通风洞口；通风洞口常见的是比较狭窄的三角形，当然，也可以是带有图案的花格窗；护墙的高度一般从踏面至护墙顶部1～1.8m不等（图3-9）。

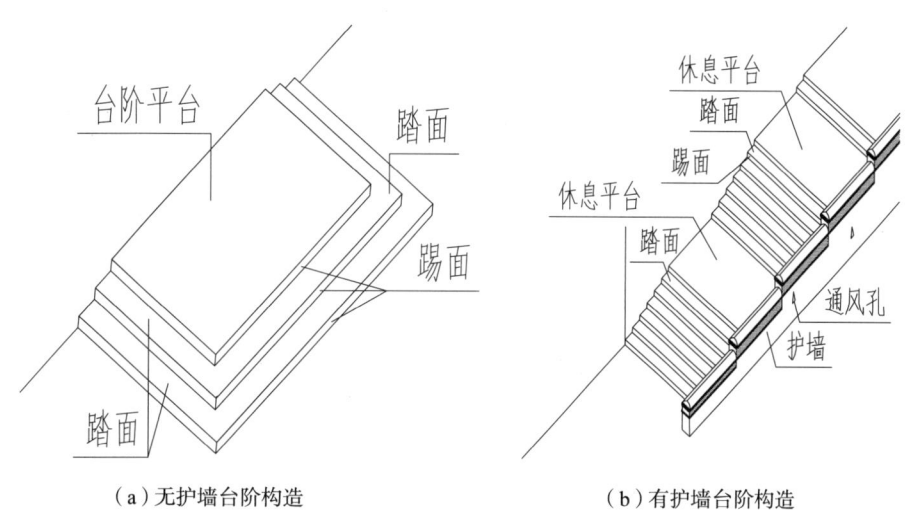

（a）无护墙台阶构造　　　　（b）有护墙台阶构造

图3-9　台阶构造及名称

三、踏步类别、构造及工艺

踏步按照面层材料的不同分为条石台阶、花岗岩石板台阶、青石板台阶、混合材料台阶等类型。

1.条石台阶：是面层采用本地花岗岩条石交错搭接布置形成的台阶类型；此类台阶坚固耐用，而且通过条石的搭接，可以形成良好的视觉效果，因此，常用于宫殿、寺庙等建筑入口（图3-10）。条石台阶的基本构造组成包括基层—填充层—面层三个部分。

基层：确定基层标高，人工碾压素土夯实基层。当基层土质不能满足承载要求时，需要进行换土或回填土处理；回填土的厚度应符合设计要求，填土时应为最优含水量，回填土不应用淤泥、腐殖土、耕植土、膨胀土和建筑杂物作为填土，填土土块的粒径不应大于50mm。基层表面应干净、平整、无积水和空鼓等现象；

填充层：填充层又可称之为垫层，一般选用碎石或浆砌毛石，厚度根据台阶高

度确定。填充层表面应坚实、平整,强度应均匀;

面层:选用花岗岩条石铺设,要求花岗岩无风化、开裂等现象。条石截面常见规格有350mm×160mm;320mm×150mm等;长度根据实际需求,可以加工成不同长度;砌筑时上下要错缝搭接,搭接宽度不宜小于60mm,严禁出现通缝现象;水平方向,尤其平台处,从侧面往内侧,条石要一阶一阶地做收分,同时与另外一个方向的条石做搭接,确保台阶整体稳定(图3-10)。

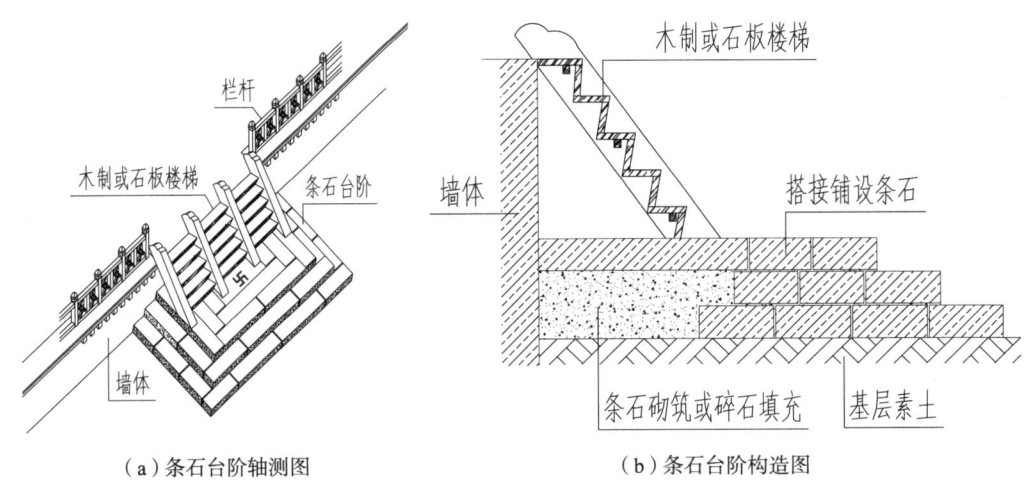

(a)条石台阶轴测图　　　　(b)条石台阶构造图

图3-10　条石台阶构造图

2.花岗石石板台阶:花岗石石板台阶根据面层花岗岩加工程度的不同,分为粗加工(或毛料花岗石板)、精加工两种类型。粗加工花岗石石板台阶是在垫层上部直接铺筑面层石板即可,构造简单、施工方便;精加工花岗岩台阶铺设时踏面和踢面需要做好固定工作。具体构造包括:基层—垫层—找平层—面层

基层:同条石台阶;

垫层:同条石台阶;

找平层:找平层的作用是为面层材料的铺筑奠定基础,一般选用1:3水泥砂浆或黄泥砂浆,厚度20~40mm;找平层铺设前应先清理干净垫层或填充层表面的异物,且应铺平振实;

面层:选用无风化剥落的花岗石石板,厚度一般80~100mm左右;正式铺筑前应先试铺,然后待砂浆凝固前要完成正式铺筑、校正、勾缝并养护至完全固定方可上人(图3-11)。

3.青石板台阶:青石板又称央巴石,青石板台阶具有很好的强度,而且加工简单,可以创造良好的艺术效果,因此,也是属于传统藏式建筑普遍使用的台阶类型。构造做法基本同花岗石石板构造,具体包括:基层—垫层—结合层—面层。

基层:同花岗石石板台阶;

垫层:同花岗石石板台阶;

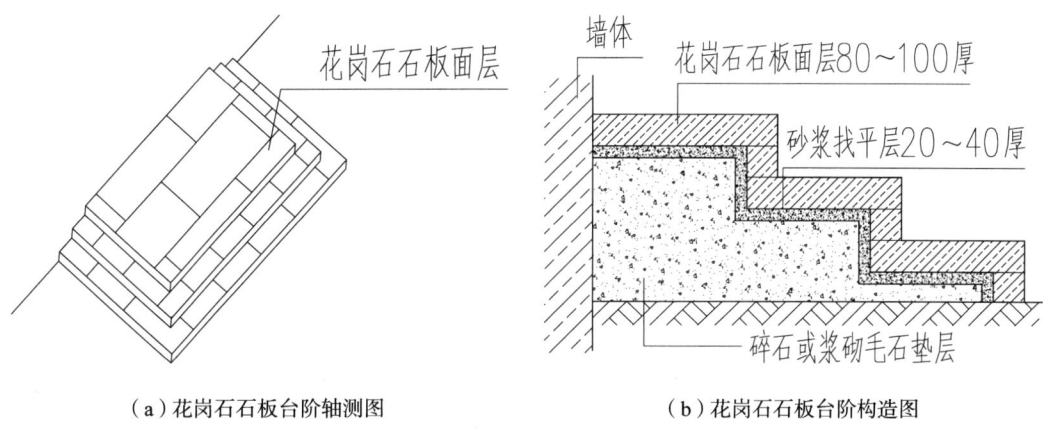

(a)花岗石石板台阶轴测图　　　　（b）花岗石石板台阶构造图

图3-11　花岗石石板台阶构造图

结合层：同花岗石石板台阶；

面层：面层根据实际需求，可以选择加工的规则青石板，也可以选用未加工的不规则青石板，厚度一般60～100mm，要求选用的青石板质地坚硬，无风化、开裂等现象；待砂浆凝固前应先在找平层上试铺，然后正式铺贴、校正、勾缝并养护至完全固定方可上人（图3-12）。踢面位置有贴青石板的构造做法，也有未贴青石板的构造做法。当贴青石板时工艺同花岗石石板台阶相同。

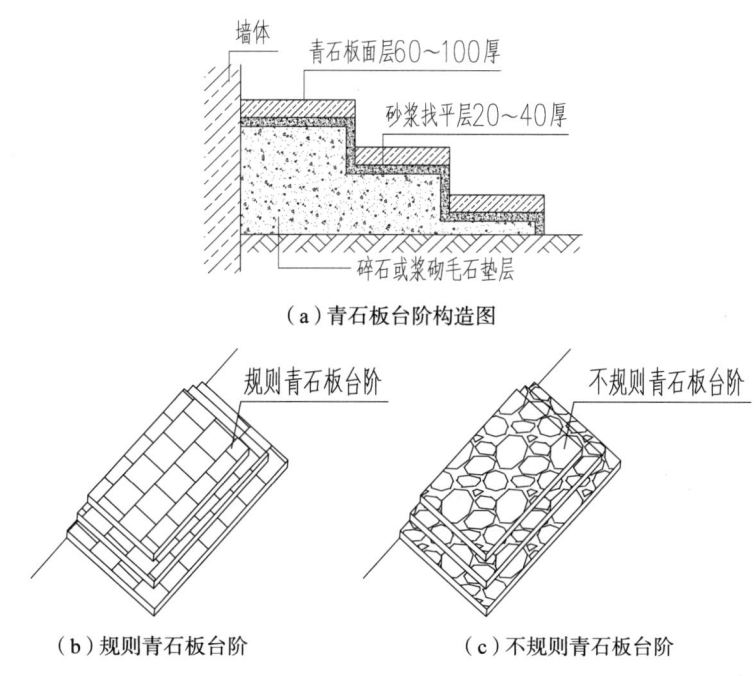

(a)青石板台阶构造图

(b)规则青石板台阶　　　　(c)不规则青石板台阶

图3-12　青石板台阶构造图

4.混合材料台阶：常见的有毛石与青石板组合台阶、条石与石板组合台阶两种类型。当毛石与青石板组合时，青石板铺贴在踏面位置，毛石相当于垫层，但是踢面位置不贴石板，因此，台阶外观显现的是毛石与青石板的组合（图3-13a）。当条石与石板组合时台阶三面铺筑条石做台阶边框,台阶面层或内侧铺贴青石板或花岗石石板(图3-13b)。

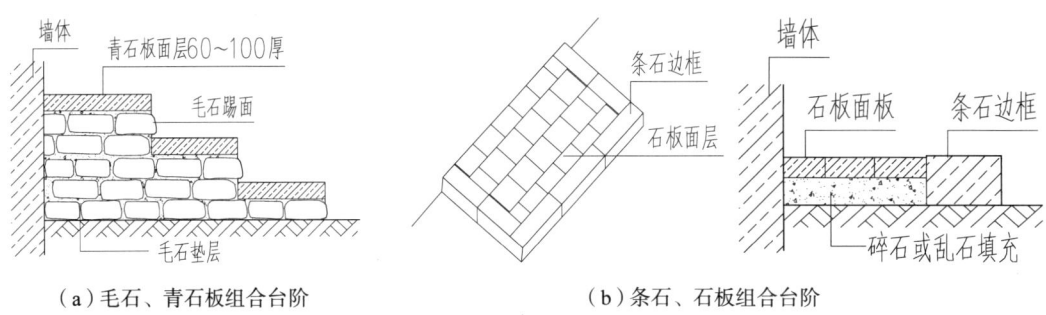

(a)毛石、青石板组合台阶　　　　(b)条石、石板组合台阶

图3-13　组合材料台阶

四、台阶护墙类型、构造

台阶护墙的作用是起到安全防护和美化建筑的作用;一般设置在宫殿、寺庙、庄园等大型建筑入口台阶的临空一侧,民居建筑中很少有台阶护墙的做法。

台阶护墙按照立面形制的不同,划分为单层檐饰护墙、双层檐饰护墙、边玛草护墙以及直跑式台阶护墙、双跑式(对称式)台阶护墙等类型(图3-14、图3-15)。

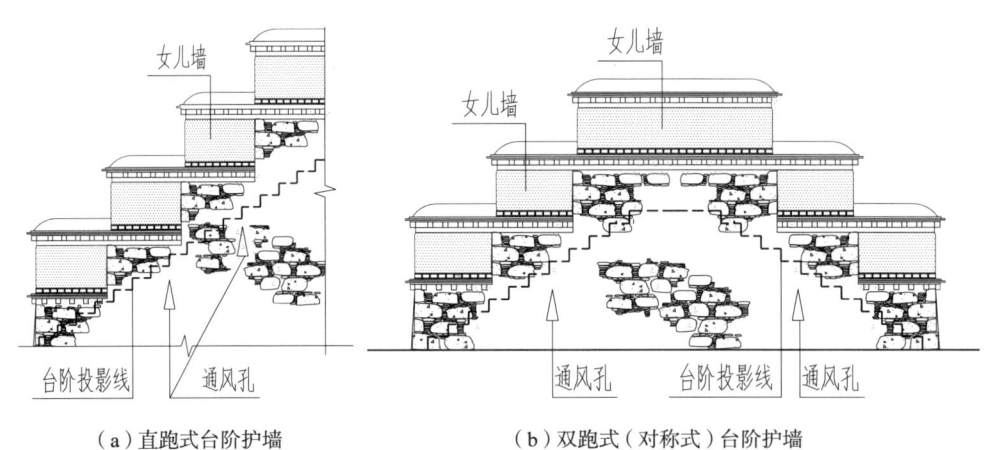

(a)直跑式台阶护墙　　　　(b)双跑式(对称式)台阶护墙

图3-14　常见台阶护墙举例

按照墙体砌筑材料的不同,划分为土坯砖护墙和石砌护墙两种类型。

1. 土坯砖护墙

土坯砖护墙一般出现在规模较小的寺庙类建筑中,根据女儿墙造型的不同,又可以分为单层檐饰护墙、双层檐饰护墙、边玛草护墙三种类型。施工工艺与墙体施工工艺相同(详见第四章)。

2.石砌护墙

石砌护墙是台阶护墙的主要构造类型,广泛使用于宫殿、寺庙、庄园等建筑中。石砌护墙同样按照女儿墙造型的不同,分为有单层檐饰护墙、双层檐饰护墙、边玛草护墙三种类型。单层檐饰护墙常见于小型寺庙建筑(图3-15a);双层檐饰护墙常见于庄园以及个别寺庙建筑(图3-15b);边玛草护墙常见于宫殿以及重要寺庙建筑的台阶(图3-15c)。各类护墙的施工工艺同普通石砌墙体相同,具体详见第四章。

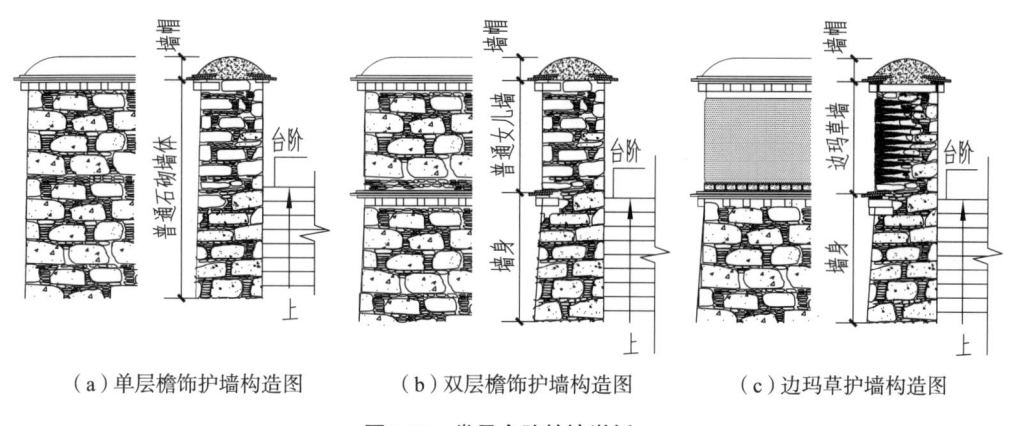

(a)单层檐饰护墙构造图　　(b)双层檐饰护墙构造图　　(c)边玛草护墙构造图

图3-15　常见台阶护墙举例

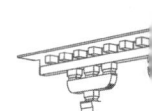

第二节　地面

地面的作用是承受人、家具的荷载并均匀地传递至大地。另外,地面作为建筑物室内、外的组成部分,要具备美化空间,改善环境的功能。

地面按照使用位置的不同,划分为室内地面和室外铺地两种类型;

按照构造类别及面层材料的不同,划分为素土地面、阿嘎土整体地面、毛料石块材地面以及木地板等四种类型。

一、阿嘎土整体地面

阿嘎土是一种略带黏性的风化石灰岩或沙黏质岩块被捣成的粉末,其主要化学成分是硅、铝、铁的氧化物。有淡白和淡红两种颜色。主要产于雅鲁藏布江水系的一些半土半石的山包,形成于高原温带半湿润、半干旱气候及灌丛草原植被下的山体厚层中,可用土层一般只有几十厘米厚,分布高度一般在海拔3100～4200m(图3-16)。

拉萨地区使用的阿嘎土原料来源于曲水县、林周县、山南地区扎囊县境内。曲水县阿嘎为红色，由于该土黏性过强，打制阿嘎的技术要求较高，因此实际中很少使用。林周县和山南扎囊县的阿嘎土黏性适度，打制阿嘎时不会轻易开裂，又能达到硬度要求，所以拉萨区域建筑中多有应用。另外，当雄县境内的红色阿嘎土硬度稍弱，适用于室内地坪材料。

阿嘎土地面通常使用于宫殿、寺庙以及贵族住宅等建筑的室内，其效果类似现在的水磨石地面，具有耐磨、易清洁、室内无灰尘的优点（图3-17），但是阿嘎土的取材困难，价格昂贵，打制费工费时，而且需要进行不定期维护，所以需要投入的成本比较高。

图3-16　天然阿嘎土　　　　　　　　图3-17　夯筑完成的阿嘎土地面

阿嘎土的夯打技术没有统一的严格标准，施工只能依靠操作人员自身经验，所以夯筑质量存在较大的差异，基本工艺如下：

1. 准备材料

选用质地坚硬无苏碱的天然阿嘎土人工辗压打碎，分成粗、中、细三种颗粒不同的阿嘎土，粗阿嘎土直径约30mm左右；中阿嘎土直径约20mm左右；细阿嘎土直径约10mm左右。

2. 准备工具：博朵、卵石

博朵：作用是夯打阿嘎土；

卵石：作用是在阿嘎表面进行打磨，制作表面纹理。

3. 构造及工艺

阿嘎土地面基本构造及工艺包括：基层—垫层—粗阿嘎—中阿嘎—细阿嘎—打磨—抹光、保养（图3-18）。

①基层：确定基层标高，人工碾压素土夯实基层，承载力和密度均应符合设计要求；压实系数当设计无要求时不应小于0.90。当基层土质不能满足承载要求，需要换土或回填土处理时，回填土的厚度应符合设计要求，填土时应为最优含水量，回填土不应用淤泥、腐殖土、耕植土、膨胀土和建筑杂物作为填土，填土土块的粒径不应大于50mm。基层表面应干净、平整、无积水和空鼓等现象。

②垫层：垫层由卵石和黄土两个部分组成。卵石垫层的作用是为面层阿嘎土的铺筑提供坚实的基础；黄土垫层的作用是平整基层。铺筑时首先选用粒径为55mm

左右的卵石铺筑在素土夯实基层上,厚度约80mm,要求铺贴要基本平整,不宜有明显的凸出物,然后分层夯实黄土垫层,厚度不宜小于50mm。

③粗阿嘎:人工夯打粗阿嘎土直至夯打牢固,一般要夯打两天左右;粗阿嘎土夯打的时候夯打节奏不宜过快,夯打要均匀;夯打厚度50~100mm左右;

④中阿嘎:人工夯打中阿嘎土直至夯实、地面基本平整;中阿嘎夯打一般需要三天左右的时间;

⑤细阿嘎:细阿嘎土夯打初步平整后重复洒水、重复夯打直到地面完全平整有光泽,博朵底部不粘阿嘎泥土为止;细阿嘎土夯打一般需要三天左右的时间;

⑥打磨:用鹅卵石人工打磨地面,将打磨出来的阿嘎粉清理干净,直至阿嘎土颗粒纹理清晰;

⑦抹光、保养:用清油等侵蚀的抹布重复擦拭阿嘎土面层,直至阿嘎土表面光亮,算是完成阿嘎土的夯打工作,注意在使用过程中阿嘎土要保持干燥。

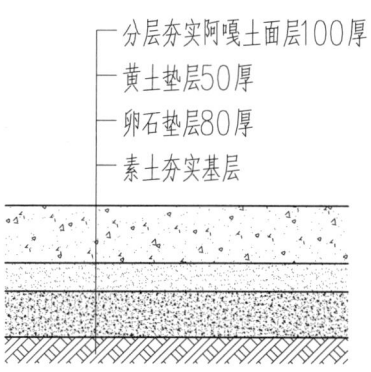

图3-18 阿嘎土地面构造图

二、毛、料石块材地面

毛料石块材地面构造包括基层—垫层—找平层—面层四个部分。

1.基层:同阿嘎土整体地面;

2.垫层:可以根据使用要求,选择单一材料的垫层,也可以选择两种或两种以上材料组成的双层垫层。常见垫层有以下三种类型:

①碎石垫层:碎石垫层厚度不应小于100mm;垫层应分层夯实,要达到表面坚实、平整;碎石最大粒径不应大于垫层厚度的2/3,强度应均匀。当为双层垫层时厚度可以适当减小。

②砂石垫层:砂石垫层厚度不应小于100mm,砂应采用中砂,粒径不应大于垫层厚度的2/3。当为双层垫层时厚度可以适当减小。

③混凝土垫层:传统藏式建筑中没有混凝土材料,但是混凝土因为具有较好的强度,在垫层等局部隐蔽工程中目前使用的也比较普遍。当选择混凝土作为垫层材

料时，强度等级一般选用C15～C30；厚度不宜小于60mm。

3. 找平层：找平层位于垫层和面层之间，作用是固化松散的垫层，为地面面层的铺设奠定基础。同时，找平层也有粘结面层的作用。

传统藏式建筑找平层一般选用黄泥砂浆，厚度30mm左右，但是因为黄泥砂浆强度低，容易流失，所以目前普遍选用1:3水泥砂浆做找平层，厚度一般为20～30mm左右；当找平层的厚度超过30mm时，宜选用细石混凝土做找平层。

4. 面层：石材类地面强度高，防水效果好、易清洁，所以广泛应用于宫殿、寺庙等"公共建筑"的室内地面和室外铺地（图3-19）。缺点是石材的开挖、加工成本较高。

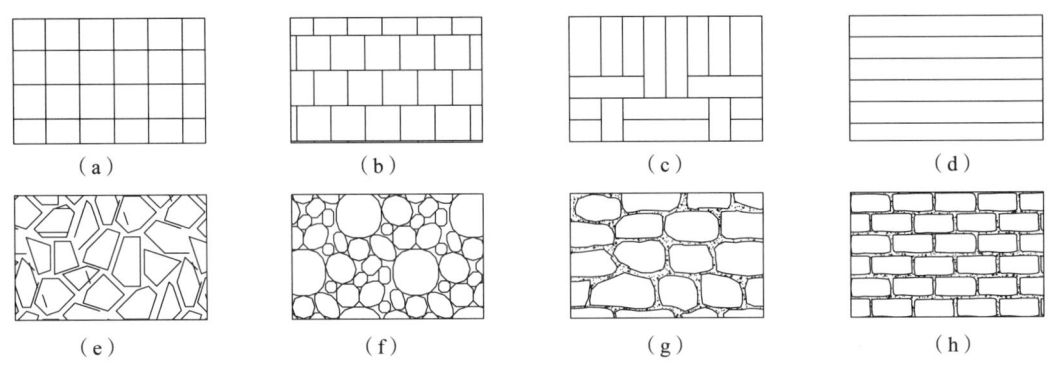

图3-19　各类铺地平面示意图

(a) 精加工花岗石铺地示意图 (b) 青石板铺地示意图 (c)(d) 条石铺地示意图
(e) 碎拼青石板示意图 (f) 卵石铺地示意图 (g) 毛料花岗石石板铺地 (h) 粗加工花岗石石板铺地

常见地面面层使用的石材有花岗岩、青石板、卵石等。

（1）花岗石面层

花岗石根据加工程度和加工方法的不同分为精加工花岗石石板、粗加工花岗石石板以及毛料花岗石石板、条石花岗石等四种类型。精加工花岗石广泛使用于室内地面和室外铺地，常见规格有500mm×500mm，厚度一般为80～100mm；毛料石花岗石和粗加工花岗石使用于室外铺地，厚度没有严格的规定，普遍较厚；条石花岗石使用于室外广场和道路的铺地，常见规格有400mm×200mm（图3-20a，图3-20c，图3-20d）。

花岗石面板铺贴前应先确定标高并检查材料有无缺陷，当有风化、裂缝、掉角等现象时应先剔除或更换，检查完毕后在结合层上试铺，然后正式铺贴，铺贴要与结合层粘结牢固，最后用素水泥浆勾缝。铺贴完成后要养护至完全固定，方可上人。

（2）青石板面层

青石板根据加工方法的不同，常见有精加工青石板和碎拼式青石板两种类型，可使用于室内、室外的地面铺装材料。当使用于室外时，青石板的厚度一般为80～100mm；当使用于室内时，厚度一般为60～80mm；青石板铺贴工序与花岗石地面相同（图3-20c，3-20d）。

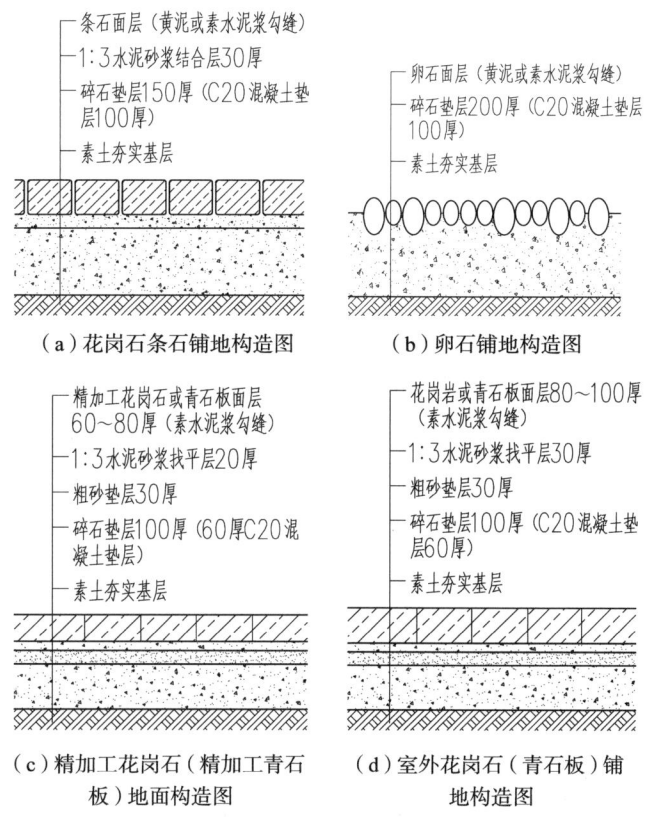

图3-20 常见毛料石地面构造图

（3）卵石面层

卵石铺地是选用粒径为80～150mm左右的卵石铺贴的地面，一般使用于室外地面，当然也有在室内铺设的实例。铺贴时，应将卵石的长度方向垂直于地面插入固定至垫层内部，同时要确保铺贴标高基本一致，不宜有明显的凹凸现象（图3-20b）。

三、木地板

木地面是以木板为面层材料的地面做法，一般出现在木材较多的地区，使用于民居、寺庙等建筑。木地板的优点是具有良好的保温、弹性等性能，可以创造较好的室内环境，缺点是资源有限，木材容易受潮、腐蚀，造价高。

木地面按照构造做法不同，划分为粘贴式木地板和实铺式木地板两种。

1.粘贴式木地板

粘贴式木地板是指面层木板直接固定在基层或垫层上的一种做法；这种木地板具有构造简单，施工方便的特点，需要注意的是木板面层与基层或垫层之间宜做防潮、防水措施（图3-21a，图3-21b）。具体构造包括：基层—垫层—面层。

①基层：同石板地面。

②垫层：碎石垫层厚度不应小于40～60mm；垫层应分层夯实，要达到表面坚实、平整；碎石最大粒径不应大于垫层厚度的2/3，强度应均匀；也可以使用厚度40mm左右的C20混凝土垫层。

③面层：铺设木板面层，企口连接。当室内环境潮湿时，面层与垫层之间宜铺设一道防潮材料。

2.实铺式木地板

实铺式木地板即垫层与面层之间采用格栅架空的一种做法。这种构造能够有效防止木板受潮腐蚀现象，但是构造复杂，成本较高（图3-21c，图3-21d）。具体构造包括：基层—垫层—格栅层—面层。

①基层：同石板垫层；

②垫层：同粘贴式木地板；

③格栅层：实木格栅，格栅间距约400～800mm，格栅形状为凸字形，以便安装木板面层；

④面层：凸字形格栅两边肩部上使用木钉固定面层木板。面层木板尺寸一般为250mm×500mm，长度要与格栅间距相同，厚度一般为30～50mm左右。

图3-21 木地板构造图

第三节 散水

散水是在房屋外墙四周的勒脚处，用不透水材料铺筑的具有一定坡度的排水构件。散水的主要作用是迅速排走墙角或勒脚附近的雨水，阻止雨水渗透至地面以下，影响建筑物墙体及基础的耐久使用。传统藏式建筑如寺庙类建筑的散水一般同室外石板铺地做成统一的整体，但是当室外没有铺筑石板时，可以在建筑周围铺筑央巴片石、花岗岩石板、卵石等材料予以制作散水构件。

散水宽度一般为600～1000mm，当屋盖为坡屋盖时，根据屋檐出挑深度，需要适当加大或减小散水宽度。一般，散水宽度要大于屋檐深度约100～200mm，以便屋檐上的雨水都能落在散水上迅速排走。散水坡度一般为5%，外缘应高出室外地坪20～50mm。

当散水与勒脚之间的密闭要求高的时候，可以借鉴现代建筑散水构造做法予以封闭，方法是散水与勒脚接触处，设置15～30mm的缝隙，缝内采用沥青麻丝等弹性材料封闭，以适应一定的沉降和变形的同时起到密封防水的作用。这种方法目前在传统建筑中很少有使用。

一、散水类别及构造

散水按照面层材料的不同，有央巴石散水、花岗岩石板散水和卵石散水等类型。构造及工艺大同小异，因此，本节选用花岗岩和卵石散水做介绍。

1. 花岗石散水

构造组成：素土夯实基层—碎石垫层—面层—养护—灌缝（图3-22a）。

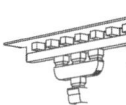

素土夯实基层：根据散水基底标高做好散水高度控制桩，回填土料中不得含有有机杂质，不得含有尖角石块、建筑垃圾、草皮、烂泥等，采用人工或机具将素土夯实，每层虚铺厚度不大于200mm，每一层夯实遍数不少于3～4遍，同时控制好含水量；夯实要密实。

碎石垫层：150mm厚碎石垫层，宽度比散水宽出200mm，垫层应铺设在不受地下水浸泡的土上，碾压夯实要求同素土。

面层：在碎石垫层上铺设干硬性水泥砂浆并拉毛处理，然后沿着散水坡度方向铺设花岗石面层。

养护：花岗石石板铺贴过程中，边铺边勾缝，并做好成品保护工作。

灌缝：养护期满后，分隔缝内清理干净，用1∶2沥青砂浆填塞，填塞时分隔缝两边粘贴3cm宽胶带，既可防止沥青污染散水表面，也可使分隔缝内沥青砂浆平直、美观。

2. 卵石散水

卵石散水构造简单，造价低廉，与传统藏式建筑风格浑然一体，彰显出传统藏式建筑的地域风格特色（图3-22b）。

卵石散水构造包括：素土夯实基层—粗砂垫层—面层—养护。

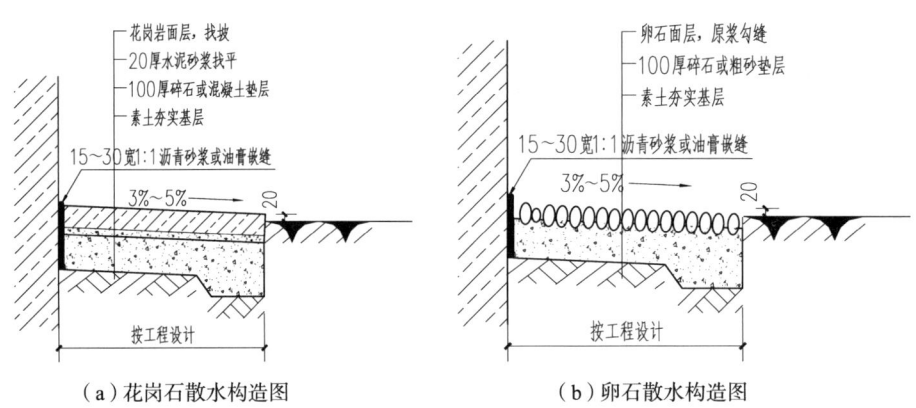

(a) 花岗石散水构造图　　　　(b) 卵石散水构造图

图3-22　散水构造图

素土夯实基层：根据室外地面标高，分层夯实素土，每层虚铺厚度不大于200mm，每一层夯实遍数不少于3～4遍，同时控制好含水量；夯实要密实。

①粗砂垫层：采用粗砂铺设，宽度比散水宽出200mm，厚度为50mm。

②面层：采用50mm厚细石混凝土嵌砌卵石，粒径40～60mm左右，铺贴方法与地面铺贴方法相同。

③养护：面层施工完毕，待水泥浆液凝结硬化后，洒水进行养护2～4d。

实训四　条石台阶构造设计

【实训项目】

条石台阶构造设计

【设计条件】

室内外高差：450mm

台阶形制：三跑式台阶

平台尺寸：平台深度1500mm；平台宽度2100mm

【实训成果】

试完成该台阶平面图和构造大样图的绘制。图幅A3；图纸要求如下：

1. 台阶平面图（1:20）
2. 台阶构造图（1:20）

实训五 阿嘎土地面施工认知实训

【实训项目】

阿嘎土地面施工认知实训

【实训场地】

1. 校内古建筑实训教学基地
2. 某古建施工现场

【实训成果】

完成1000字左右的阿嘎土地面施工报告,要求图文并茂。报告内容包括以下几点:

1. 参观时间、地点、名称、任务。
2. 实训内容描述:

(1) 阿嘎土材料概述;阿嘎土材料加工流程;

(2) 阿嘎土地面构造组成;

(3) 阿嘎土地面施工工艺及流程;

(4) 阿嘎土地面养护要求。

3. 总结。将实训内容与该课程结合起来,谈谈对阿嘎土地面的认识。

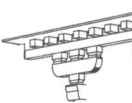

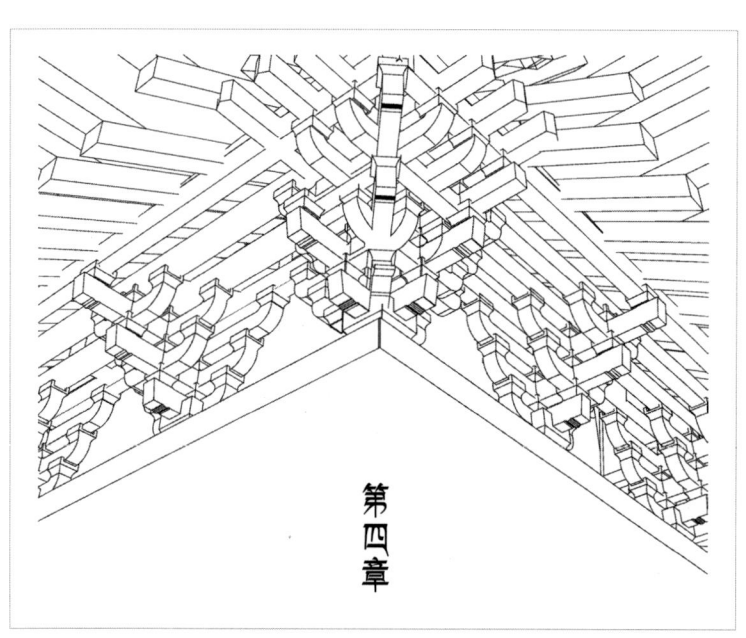

第四章

墙体

知识目标：了解墙体类别及墙面装饰方法；

掌握不同类别墙体构造及施工要点。

能力目标：能够根据不同类别建筑选择合适的墙体装饰方法；

能够根据不同类别墙体施工要点进行指导施工。

墙体属于建筑物的竖向组成构件，它在不同的结构体系中发挥的作用是不同的。传统藏式建筑按照结构传力体系的不同，分为石木或土木类的混合结构和框架式的纯木结构两大类。其中，石木或土木类的混合结构是传统藏式建筑的主要结构体系，在这类结构体系中墙体始终同梁架木构件一起承受上部荷载，并传递至地基基础，因此，墙体在围护和分隔建筑空间的同时，起到承载和传载的作用；而在框架式的纯木结构中，墙体属于自承重构件。即，墙体不承担人、家具等的荷载，因此，在这类结构体系中墙体只是围护和分隔的构件，没有起到承载和传载的作用。

传统藏式建筑的墙体修造技术同社会文明的发展是息息相关的，我们从昌都卡若遗址考古资料（图4-1）和敦煌古藏文，以及今天我们所能看到的布达拉宫等相关史料和实物中发现，藏式建筑从最初的洞穴建筑，再到地上的单层建筑、多层建筑，再到高层建筑的发展，无不体现着社会文明的发展，更体现着墙体砌筑工艺的发展。

到如今，墙体仍然是藏式建筑营造的重要组成部分，而且墙体的修筑方法、修筑形式，均体现着区域建筑的地域特色，是区分建筑类别、区域建筑的重要标志之一。因此，学好墙体的营造技术是掌握好藏式建筑的重要前提。

图4-1　昌都卡若遗址房屋复原图

第一节 墙体类别及构造要求

一、墙体类别

1.按照墙体在建筑中的位置不同划分

有外墙、内墙、窗台、窗间墙、隔墙、地垄墙、女儿墙等类型（图4-2）。

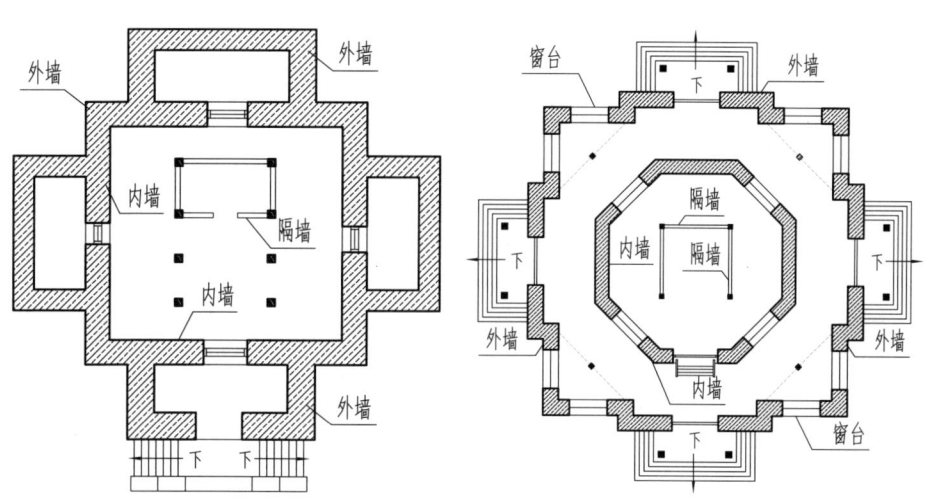

图4-2 不同位置墙体名称图

（1）外墙：是建筑外围墙体。因外墙通常要比内墙厚，所以藏语名为"孜钦"（ཙིག་ཆེན）意思指"大墙"；

（2）内墙：是建筑内部墙体。藏语名为"囊孜"（ནང་ཙིག）（བར་ཙིག）

（3）窗台：是位于窗户下部的墙体。藏语名为"沃叉"（འོག་ལྕག）

（4）窗间墙：是两窗户之间的墙体。藏语名为"架东"（བརྒྱག་གདོང）

（5）轻质隔墙：是采用木材等轻质材料搭建的，用来划分空间的隔断墙。藏语名为"杨介"（ཡང་བཅད）

（6）地垄墙：是位于建筑物底层，作用是场地的平整、建筑的加固等（详见第二章）。藏语名为"乌孜"（དུར་ཙིག）

（7）女儿墙：是砌筑在屋顶平台、院落围墙上比较矮小的墙体。藏语为"贡拉"（གོང་ལ）

2.按照墙体所用材料及构造做法不同划分

有土墙、石墙、木板墙以及其他墙体等四种类型。

3. 按照不同功能和用途划分

有城墙、院墙、围墙、玛尼墙等类型（图4-3）。

（1）城墙：是城市、军事寨堡边界的护卫用墙。

（2）院墙：也称围墙，是古建筑群或住宅范围的界定。

（3）玛尼墙：是用雕刻有玛尼的毛石或片石砌筑的墙体。

(a) 江孜白居寺围墙

(b) 布达拉宫围墙

(c) 桑耶寺围墙

(d) 萨迦寺围墙

图4-3　各类围墙图

二、墙体构造要求

墙体作为建筑物的重要构件，不仅要满足承载和传载的功能，还应满足建筑艺术、保温隔热等的要求，具体如下：

1.满足坚固、耐用、安全要求。外墙裸露于建筑外部，经受着风吹雨打，而且容易受到人为、机械的破坏；内墙容易受到室内人为活动的各种破坏，因此，墙体的营造必须要考虑抵御一定外力的能力。

2.墙体必须具备防潮、防水功能。不管是室外墙体还是室内墙体，容易受到地下水、地表水、屋面雨水等的侵蚀，因此，墙体必须具备一定防潮、防水功能，而且在容易受到雨水侵蚀的重点部位必须要做好细部的防潮、防水措施。

3.墙体必须满足建筑艺术要求。外墙裸露于外部环境，外墙的形制、造型影响着城市的整体形象；内墙作为建筑物室内构件，在营造室内空间环境中起到重要的作用，良好的室内环境有助于提高人的生活质量，反之，不仅影响正常生活甚至可能还会影响人的身心健康，因此，不管室外墙体还是室内墙体，必须要满足环境营造功能，即建筑艺术要求。

4.墙体必须满足保温、隔热等要求。藏式建筑主要分布在青藏高原，青藏高原气候的最大特点是昼夜温差大，以拉萨为例，冬季昼夜最大温差可达30℃，且干燥多风，自然环境相对恶劣，因此，墙体作为主要的围护结构必须具备良好的保温和隔热等功能，才能抵御不良的气候环境。

第二节　夯土墙构造及施工工艺

夯土墙藏语名"将"(གྱང་)是由黏土、淤泥、砂子、砾石等混合物搅拌并灌注模具，然后通过人工夯实形成的墙体；夯土墙属于比较早期的墙体类型之一，广泛应用于寺庙、庄园、民居等各类建筑。现存较早的夯土墙实例有萨迦地方政权时期的萨迦寺、夏鲁寺，帕竹地方政权时期的朗色林庄园等。

夯土墙具有取材方便，投资成本低的优点，但是当夯打技术不满足要求时，在地震等外力作用下容易出现开裂、倾斜等现象，而且容易受潮，尤其在墙脚位置受雨水影响容易出现空洞、苏碱等现象。夯土墙一旦出现影响结构安全的破损现象，补救难度大，维修效果不理想。目前在那曲、昌都以及四川、青海等藏东和藏北地区夯土墙普遍使用。

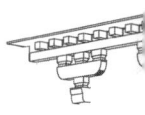

一、夯土墙的施工

1.准备材料

夯土墙常用材料有黏土、淤泥、砂子、砾石等。

黏土：根据地域不同，土质稍有差别，但应注意黏土的含砂率不易过高，黏性要好。参考《村镇建筑抗震技术规程》中的规定，夯土墙土料中的掺料宜满足下列要求：

①宜在土料中掺入0.5%(重量比)左右的碎麦秸等拉结材料；

②夯土墙土料中宜掺入砂石，砂石重量不宜超过25%(重量比)；

③夯土墙土料中掺入熟石灰时，熟石灰含量宜在5%～10%(重量比)之间。

2.准备工具

(1)横木：横木的功能是起到固定立柱和承托夹板的作用。在卫藏地区固定立柱常常采用横木固定的方法。在昌都、甘孜等地直接将立柱固定在土层，因此不需要横木。当采用横木固定立柱时，横木两端应凿洞，洞口大小要满足立柱的穿插和固定要求；横木两端为了便于工作完成后抽出，应一端细、一端略粗（图4-4，图4-5）。

图4-4 夯土墙施工现场图

（2）立柱：立柱的作用是安装、固定夹板；一般由圆木制作，立柱的高度可以根据夯打情况来制作。

（3）夹板：夹板的作用相当于容器或模具，是为了便于灌注黏土时具有一定的形状，夹板的高度一般为30～100cm；厚度要大于4cm。

（4）绳子：绳子的作用是固定立柱。

（5）夯杵：夯杵是用来夯打黏土，常见夯杵高度有170～180cm左右；夯杵为了便于握手，在抓手位置要略细，两端要略粗。

3.施工工艺

夯土墙的施工方法根据地方的不同主要有两种。一种是安装横木的夯筑方法（图4-5a），这种方法主要应用于卫藏、阿里等地方；另外一种是没有横木的夯筑方法（图4-5b），这种方法主要出现在昌都、甘孜、云南藏区等地方。

（1）安装横木的夯筑工艺：模具安装—夯筑—拆板、移位

1）模具安装：模具的安装包括六个步骤①基础或勒脚顶面安装横木；②横木两端孔内插入立柱；③立柱内侧固定夹板（板高约1m；板长约2m；板厚约5cm）；④两两立柱之间使用绳子绑扎固定；⑤安装端木并固定（当夯筑墙体端头位置与已完成的墙体连接时可省略端木）；⑥检查结实情况。当立柱有松动情况时立柱与夹板之间用木楔调整（图4-5a）。

2）夯筑：模具安装固定后用铅锤检查垂直度（当墙体有收分时可不放铅锤），确认墙体垂直后在夹板内灌注黏土并分层夯筑，黏土虚铺厚度一般20cm左右，夯打后的厚度10cm左右，夯筑要均匀密实，不得出现松动现象。纵横墙处应同时咬槎夯筑，不能同时夯筑时应留置踏步槎；转角位置上下层之间，为了加强整体稳定性，同样应咬槎处理。

3)拆板、移位:夯筑完成第一板后,松开绳子将夹板移动至上一层夯筑位置,调整位置并重复以上工作直至第二板、第三板……夯筑完成。需要注意的是在夯筑上层墙体之前,需要养护一天左右,待下部墙体完全稳定之后才可夯筑;上层墙体夯筑时横木安装在下一层的墙体顶面即可。

（2）没有安装横木的夯土墙夯筑施工工序基本同上述夯筑方法,但是在细节上稍有差别,具体包括如下：安装模具—夯筑—拆板、移位。

1)模具安装:模具的安装包括五个步骤①将高度差不多6m左右的若干立柱固定在需要夯筑的墙体两侧；当墙体需要做收分时,立柱固定的同时按照收分斜度调整立柱的斜度即可；②立柱内侧固定夹板（板厚约5cm；板高约30cm；板长约5m）；③两两立柱之间用绳子固定；④安装端木（当夯筑墙体端头位置与已完成的墙体连接时可省略端木）；⑤检查结实情况,立柱松动位置夹板与立柱之间用木楔调整（图4-4,图4-5b）。

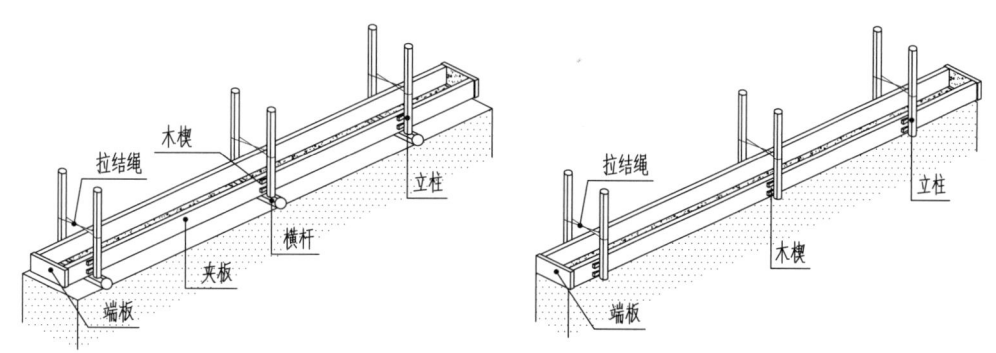

（a）安装横木的夯土墙模具示意图　　（b）未安装横木的夯土墙模具示意图

图4-5　夯土墙夯打示意图

2)夯筑:同安装横木的夯筑方法相同。

3)拆板、移位:夯筑完成第一板后,松开绳子将夹板移动至上一层夯筑位置,调整位置后重复以上工作直至整面墙体夯筑完成。在上层组装之前,夯土墙要完成基本干燥。

二、夯土墙细部构造

1.门窗洞口的处理

夯土墙门窗洞口的处理方法有两种。一种是墙体夯筑的同时,在门窗洞口上部预埋洞口过梁,待所有墙体夯筑完成后门窗洞口处的墙体凿洞；这种方法属于比较原始的做法,优点是墙体夯筑的时候工作简便,不需要预留或安装门窗；缺点是后期凿洞如果工艺技术不到位,在洞口边缘墙体上容易出现锯齿状,影响门窗密闭和整体性。

另外一种是墙体夯筑的同时预留门窗洞口或现场安装门窗,这种方法简便了后期工作,而且墙体与门窗之间的整体性和密闭性都要好,是属于目前普遍使用的方法。

2.墙身分隔处理

夯土墙墙身分隔处理的实例不多,但是如果需要夯筑三、四层,甚至更高楼层的时候,如果整面墙体为一个整体的话,在地震等外力作用时墙体容易出现通缝等现象而影响结构安全。因此,为了防止出现此类现象,需要将墙体分隔成若干个小面积来有效控制墙体裂缝。方法是在每板墙体之间平铺若干个央巴石或片石等作为分隔材料,将墙体上下板之间分开,能够有效控制裂缝的蔓延,如图4-6所示。选用的央巴石表面需平整,不允许出现开裂、风化剥落现象,厚度宜为40mm左右。

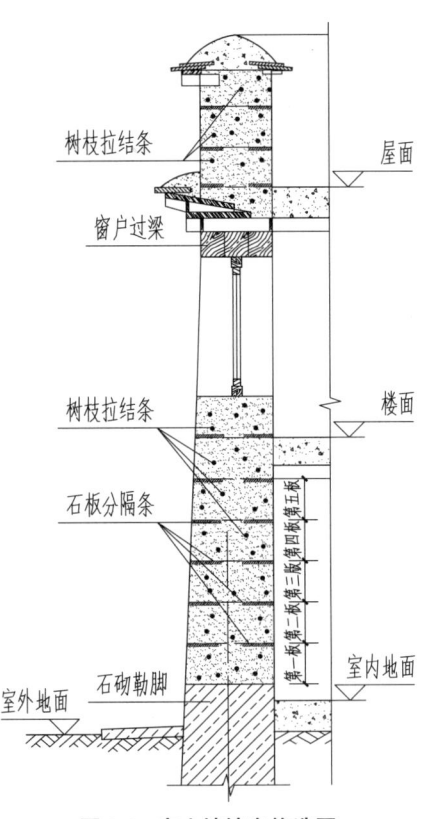

图4-6 夯土墙墙身构造图

3.墙体加固

夯土墙的转角位置以及纵横墙交界处是属于最薄弱的位置,在这些位置应加强相互连接,尤其在抗震要求高的地方必须要做好加固措施,以防在外力作用时不至于开裂或造成较大的损失。常见的加固方法参考《村镇建筑抗震技术规程》中的两种。一种是在墙体转角或纵横墙交接处的每板之间放入一层方木拉筋,转角处的方木两方搭接处固定连接;另外一种是在墙体转角或纵横墙交接处的每板之间铺设若干树枝等拉结材料,每边伸入墙体应不小于1000mm或至门窗洞边,拉结材料在相交处应绑扎。若墙体中间有木柱，拉接材料与木柱之间要相互绑扎（图4-7）。另外，为了加强夯土墙整体性，在夯打墙体的时候，可掺入若干树枝等拉结材料，可以有效加强夯土墙的整体性（图4-7）。

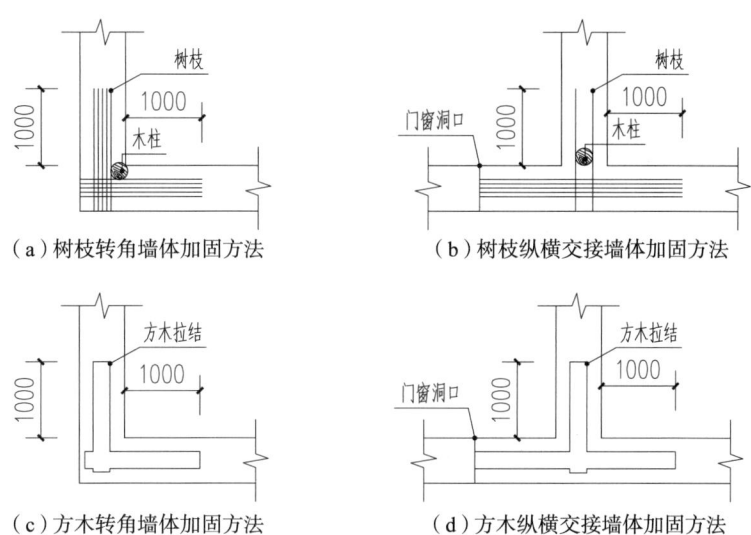

图4-7 夯土墙加固构造图

第三节 土坯砖墙构造及施工工艺

土坯砖墙是把黏土通过模具制作成具有一定规格，一定形状的砖，然后通过黄泥砂浆砌筑而成的一种墙体。土坯砖墙具有施工简单，造价低廉的优点，但是防水性能和耐久性较差，是卫藏地区尤其是民居建筑墙体砌筑的主要方法。

一、土坯砖墙的施工

1.准备材料

（1）土坯砖：土坯砖常见的做法是在黏土中放置一定比例的麦草作为拉结筋（在有些地方拌入适当的砂石作为骨料），经加水、人工踩踏，搅拌至均匀后形成具有一定黏性的草拌黏土浆，然后将草拌黏土浆灌入至特定的模具中，用手或工具夯打密实、表面基本平整后自然养护、风干，将模具内的黏土彻底固化后取出模具，形成土坯砖。

土坯砖的大小根据地方所使用模具的不一样，土坯砖的尺寸也不一样，但是，模具或土坯砖制作时需要考虑墙体的厚度、组砌方式等因素。常见土坯砖的尺寸见表4-1。

常见土坯砖尺寸　　　　表 4-1

地名		长（cm）	宽（cm）	厚（cm）
噶尔县民居		46.5	22.5	11
日喀则市江孜县民居		39	18	13
		34.6	16.5	11
萨迦寺		36.5	22	13
山南浪卡孜民居		41	19	14
曲水县民居		36.5	15.5	6
布达拉宫		38	15.5	10
		49.5	20.5	15
		30	15	9
古格遗址	围墙	46	23	9
	红庙	48	24.5	10

（2）砌筑砂浆：土坯砖砌筑砂浆一般选用黏性大，保水性好的黄泥砂浆，砂浆中不得含有影响砂浆黏性的异物以及影响砌筑的大石子等。

2. 准备工具

（1）砍砖刀：用于砍切土坯砖不平整的棱角及表面的凸出异物；

（2）放线工具：放线工具的作用是保证墙体砌筑竖向笔直，横向水平的辅助工具。一般有水平放线用的线绳和竖向放线用的铅锤两个。

3. 施工工艺

（1）土坯砖组砌方法

1）土坯砖的砌筑方法按照有无砂浆分为：干砌土坯砖和湿砌土坯砖（浆砌土坯砖墙）两种类型。

①干砌土坯砖：是土坯砖与砖之间没有用砂浆的砌筑方法，这种方法砌筑的墙体整体性差，一般只适用于气候潮湿或降雨量大的地方。

②湿砌土坯砖：是土坯砖与砖之间铺筑黄泥砂浆作为粘结材料的砌筑方法，这种方法砌筑的墙体整体性好，是比较常见的土坯砖砌筑方法。

2）按照立面形式的不同，有一顺一丁、三顺一丁和全顺式等（图4-8）。

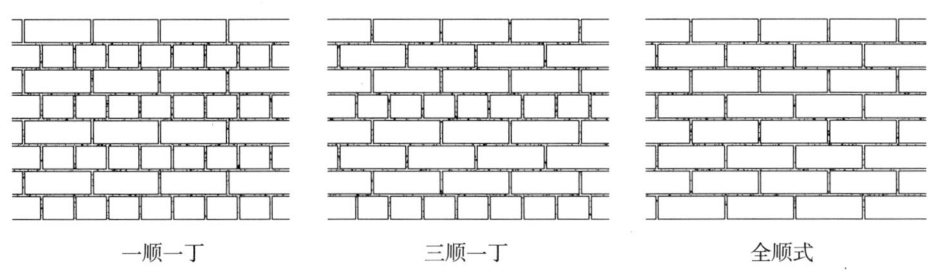

一顺一丁　　　　　　三顺一丁　　　　　　全顺式

图 4-8　土坯砖组砌方法

3）按照转角位置拉结砖数量的不同，有单皮砖砌筑的墙体、四皮砖搭接砌筑的墙体、五皮砖搭接砌筑的墙体、六皮砖搭接砌筑的墙体等类型（图4-9）。

①单皮砖砌筑法：当土坯砖的尺寸较大，能够满足墙体稳定要求时可以由单皮砖砌筑墙体，藏语名为"江孜"（ཅང་རྫོང་）。这种方法具有施工方便、快捷的优点，但是因为墙体的厚度相对较薄，不利于墙体的保温隔热，是属于比较后期的砌筑方法，适用于民居建筑以及隔墙、隔断等的砌筑（图4-9a）。

②四皮砖搭接砌筑法：如图4-9b所示，是在墙体转角位置由四皮砖搭接的砌筑方法。藏语名称"西郭"（བཞི་སྒོ་）。（图中填充区域为拉结砖）。

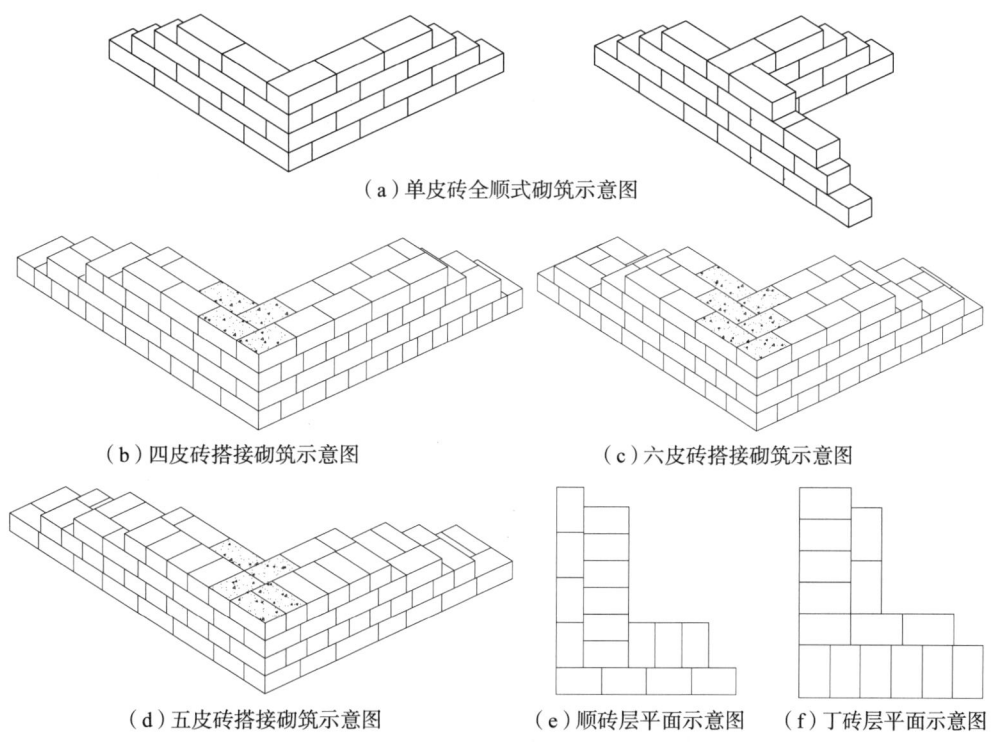

（a）单皮砖全顺式砌筑示意图

（b）四皮砖搭接砌筑示意图　　（c）六皮砖搭接砌筑示意图

（d）五皮砖搭接砌筑示意图　（e）顺砖层平面示意图　（f）丁砖层平面示意图

图4-9　土坯砖砌筑示意图

③五皮砖搭接砌筑法：是在墙体转角位置由五皮砖搭接的砌筑方法。藏语名称"阿郭"（ལྔ་སྒོ་）。这种方法属于最为常见的砌筑方法，广泛使用于民居、寺庙等建筑。图4-9（d）所示（图中填充区域为拉结砖）。

④六皮砖搭接砌筑法：是在墙体转角位置由六皮砖搭接的砌筑方法。藏语名称"杵郭"（དྲུག་སྒོ་）。这种砌筑方法属于比较原始的砌筑方法，常见于古寺庙等建筑的墙体，如图4-9（c）所示（图中填充区域为拉结砖）。

（2）土坯砖施工工艺

土坯砖墙的施工工艺包括：放线—铺浆—砌筑—校正。

1）放线：确定砌筑标高后，将线绳固定在基础两端拉一条水平线，以此作为墙体水平方向的砌筑基准，保证墙体基本在同一高度内砌筑；在墙体两端固定竖向

铅锤,保证墙体的竖向笔直;

2)铺浆:采用黄泥砂浆随铺随砌,泥浆不宜过稀,应随拌随用,泥浆在使用过程中出现泌水现象时,应重新拌合。泥浆的厚度一般为20~30mm;

3)砌筑:土坯砖砌筑时应注意①当土坯砖棱角和表面有异物时要清理干净方可砌筑;②在未干黄泥砂浆之前要完成土坯砖的砌筑工作,如果砂浆彻底干燥后应及时清理,需重新铺浆;③要满足横平竖直,错缝搭接,不得出现通缝现象;④土坯砖墙墙体的转角处和交接处应同时咬槎砌筑,当不能同时砌筑而又必须留置的临时间断处,应砌成斜槎,如图4-9所示;⑤每天砌筑高度不宜超过1.5m。

4)校正:根据放线高度及表面平整度,手工调整土坯砖的安装位置。如果在黄泥砂浆干燥之后需要重新拆除调整土坯砖,应将之前的砂浆清理并重新铺浆(图4-10)。

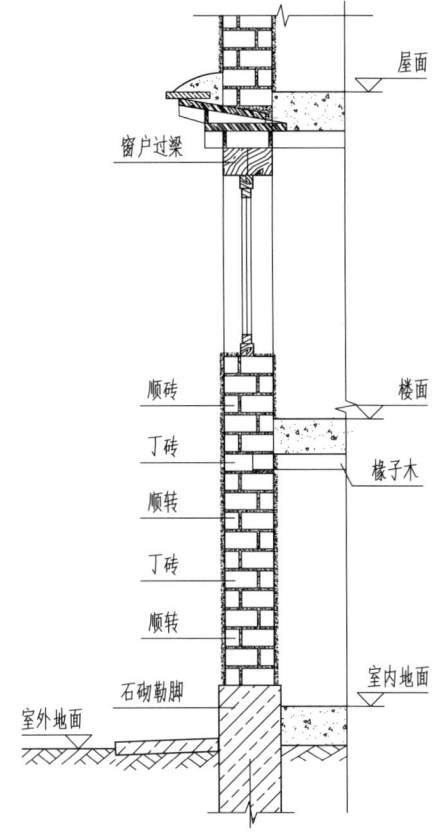

图4-10 土坯砖墙墙身构造图

二、土坯砖墙细部构造

1.门窗洞口的砌筑

门窗洞口处的墙体必须要坚固,而且要满足过梁搭接的要求,严禁在洞口的左右及窗台位置出现通缝或容易开裂的现象。具体方法是:门窗过梁伸入墙内的深度一般为250~300mm,并且不宜搭接在单皮砖上;洞口两侧,最顶上的顺砖层砌筑时,内侧砖应选用半皮砖,以便过梁搭接在两皮或三皮砖上。窗台转角处要错开灰缝,以防在窗台位置出现通缝现象(图4-11)。

2.墙身拉结处理

土坯砖的砌筑严禁出现通缝现象,当砌筑砖的错缝大小不合适,或为了防止出现通缝现象,一般可以沿墙高500mm左右铺一块木板作为拉结筋,木板的长度不宜小于1m,而且沿墙高要错开布置(图4-12)。

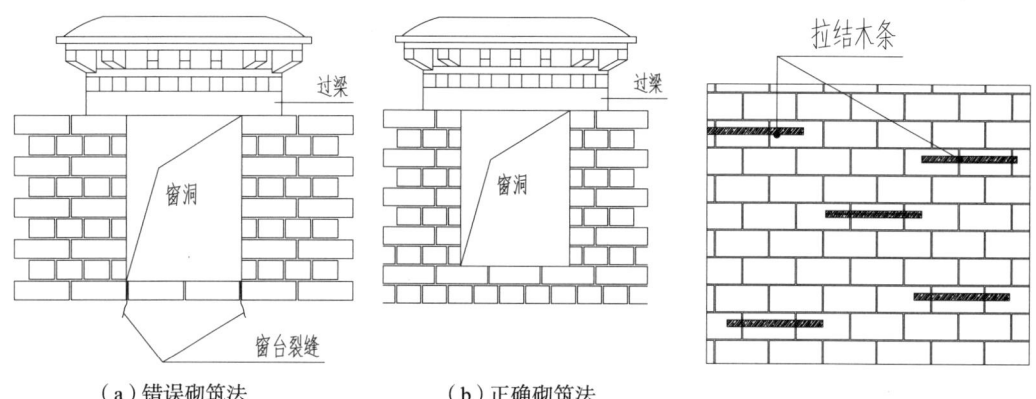

（a）错误砌筑法　　（b）正确砌筑法	
图4-11　窗洞口砌筑示意图	图4-12　墙体拉结示意图

第四节　石砌墙构造及施工

石材在传统藏式建筑中的应用可以追溯到新旧石器时代，是最早使用于建筑的材料之一，也是青藏高原最为丰富的天然建筑材料之一。石材具有很好的承载能力和防水、防潮性能，修筑的墙体坚固耐用，而且石材本身的导热系数小，砌筑的墙体普遍较厚，能够良好地满足建筑物的保温和隔热等要求，是抵御青藏高原气候环境变化的最佳墙体材料。但是石材的开采、运输、加工等需要耗费更多的人力、物力、财力，因此，在宫殿、寺庙类集体活动场所以及经济条件较好的住宅类建筑修建时才常用石砌墙体。

一、石砌墙的施工

1.准备材料

常见砌筑用的石材主要有毛石、料石、卵石、青石板等。

（1）毛石：毛石是指天然开采的石料不经过形状上的加工，直接用作砌筑材料的石材。毛石根据石料形状的不同分为乱毛石和平毛石。乱毛石即指形状不规则的石材，平毛石则为有大概形状的石材；平毛石应呈扁平块状，石材厚度不宜小于200mm。

毛石因为不需要精细的加工，因此会降低成本的投入，但是因为表面的平整度差，弱化了石料之间的连接，从而影响整个墙体的稳定性。因此，要具备足够的墙体厚度才能保持墙体的稳定，而且修筑的墙体肌理没有那么清晰，美观略显差一些（图4-13b）。

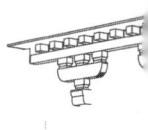

毛石的应用比较广泛，可以用来砌筑主体建筑物的墙体，也可以用来砌筑院落、围墙等。砌筑时可以以单独的毛石作为材料砌筑，也可以同片石等组合砌筑（图4-13c，图4-13d）。

（2）料石：料石是把毛石加工成外观大致方正，尺寸相对统一的石材。相对于毛石，料石需要投入人工加工的成本，但是加工后的石料表面平整，石材之间具备足够的连接，从而可以有效地提高墙体稳定性，并且修筑的墙体肌理清晰，形态美观，是修筑宫殿、寺庙、庄园等墙体的主要材料（图4-13g）。

料石根据加工程度的不同分为细料石、半细料石、粗料石、毛料石。料石的尺寸参考《村镇建筑抗震技术规程》规定，宽度和高度分别不宜小于240mm和220mm；长度宜为高度的2~3倍且不宜大于高度的4倍。料石加工面的平整度应符合表4-2的要求。

料石加工平整度（mm） 表4-2

料石种类	外露面及相接周边的表面凹入深度	上、下叠砌面及左右接砌面的表面凹入深度	尺寸允许偏差	
			宽度及高度	长度
细料石	不大于2	不大于10	±3	±5
半细料石	不大于10	不大于15	±3	±5
粗料石	不大于20	不大于20	±5	±7
毛料石	稍加修整	不大于25	±10	±15

（3）卵石：是天然的卵石。卵石具有开采方便，加工成本低的特点，但是因为卵石墙的结构稳定性较差，通常用来砌筑院落、围墙等简易墙体；当用于砌筑建筑物的墙体时往往和平毛石、片石组合砌筑，很少有独立的卵石砌筑建筑物的墙体（图4-13a，图4-13f）。

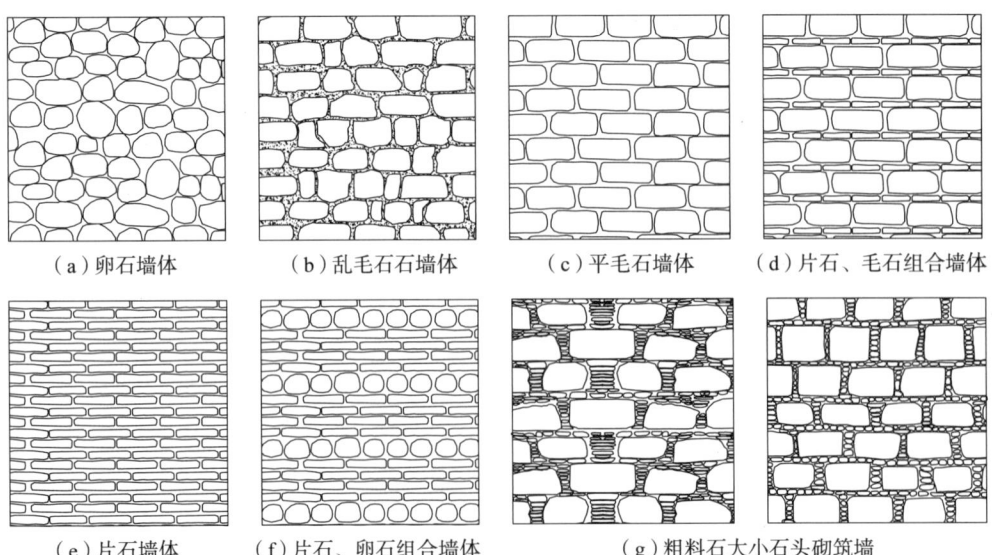

(a) 卵石墙体　(b) 乱毛石石墙体　(c) 平毛石墙体　(d) 片石、毛石组合墙体
(e) 片石墙体　(f) 片石、卵石组合墙体　(g) 粗料石大小石头砌筑墙

图4-13 不同石料砌筑立面图

（4）片石墙：片石可以是普通片石，也可以是青石板。片石墙体因为砌筑石料的密度要比其他墙体大，因此，墙体的整体稳定性非常好，是以前宗堡类墙体砌筑的主要材料。当然，片石也可以同其他砌筑材料如毛石、卵石等混合砌筑（图4-13e，图4-13f）。

2.准备工具

（1）放线工具：同土坯砖墙的砌筑，需要水平放线用的线绳和竖向放线用的铅锤两个。当外墙有收分时，铅锤需要固定在外墙内侧。

（2）锤子：锤子根据大小不同有大、小、中三种。大的是用来加工大料毛石或石材原料；中的是用来加工砌筑石材的棱角和表面的粗略加工；小的是用来加工转角位置石材及央巴片石等。锤子的形状一端为扁平状、一端为圆形，扁平的一端用来加工石材，圆形一端是通过轻打石材来调整砌筑时位置不合的石材，或是用来调整石材的位置。

3.石砌墙的组成及各部位石料名称

以常见小石填缝砌筑的墙体为例，石砌墙的组成构造如下：

架东（རྒྱ་གདོང་།）、苏朵（སུར་རྡོ།）、架节石（རྒྱ་མཚམས།）、杵朵（རྒྱུགས་རྡོ།）、补缝片石（ཕྲ་བ་གཏན།）、加啦片石（རྒྱ་ལ།）、填充石头（ཁོག་རྡོ།）等（图4-14）。

（1）架东：是转角位置砌筑墙体的大石料，架东的作用是稳固转角处的墙体和制作墙体收分。制作收分的方法是架东底部（འཛིན།）内侧的面要加工成略低于外侧的面，这样砌筑时呈内侧倾斜状，即墙体可以合理地朝内收分；架东与上下苏朵之间通常不砌加啦片石（图4-14a，图4-15）。

有时为了加强转角处的墙体稳定性，可以沿着墙体高度方向每隔50cm左右或者长短条石分层砌筑，图4-14b所示，这种方法可以有效地加强转角墙体的拉结，阻止墙角开裂现象，但是这种做法不利于制作墙体收分，外观形制也不符合传统的建筑形制。

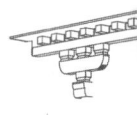

（2）苏朵：是上下架东之间砌筑的石材。苏朵其实也属架东，只是石材形状近似长方形，当在墙角位置呈现的是端部或近似方形的面时称为苏朵，当呈现近似长方形的面时，称为架东。

（3）架节石：是架东和苏朵内侧砌筑的石头。

（4）杵朵：是上下石料搭接用的石材。

（5）补缝片石：是石料之间竖向填缝的小块石，一般为片石或小料石。

（6）加啦片石：是石料之间横向填缝的小块石，同补缝片石一样，一般为片石或小料石。

（7）填充石头：是墙体内、外两侧大石料之间填充的砌筑石料。填充石料一般不得选择圆形或近似圆形的石头。

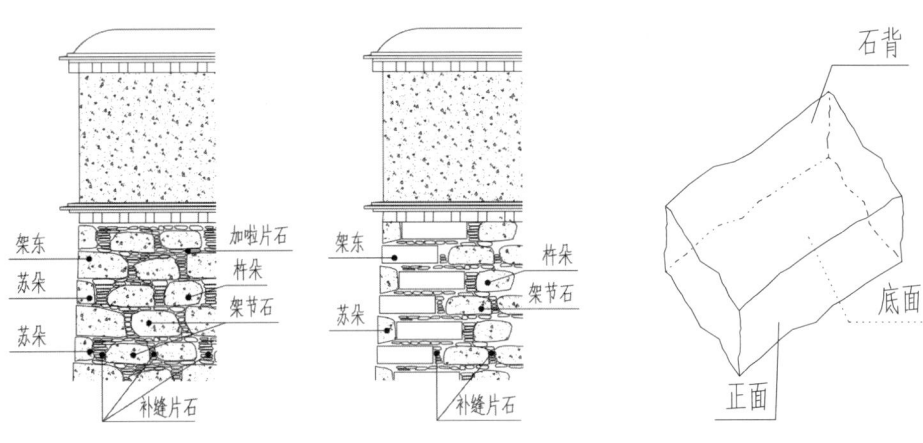

(a) 传统架东砌筑构造及名称　　(b) 条石架东砌筑构造及名称

图 4-14　石砌墙体构造及名称　　　　图 4-15　架东各面名称

4. 石砌墙施工工艺

石砌墙根据有无铺浆分为干砌法（སྐམ་རྩིག）和湿砌法（རློན་རྩིག）两种砌筑方法。

（1）干砌法：干砌法是在石料之间的灰缝内没有铺浆的墙体砌筑类型。干砌法的砌筑工艺简单，砌筑速度快，而且石材本身属不透水材料，可以有效阻止墙身受潮的问题。但是由于石料之间没有粘结砂浆，缺乏足够的连接，砌筑的墙体整体稳定性和密封性均较差。

干砌法一般适用于湿度较大的地基土层区域基础、墙体等的砌筑以及简易的临时性围墙、玛尼墙等自承重墙体的砌筑。干砌法一般选用毛料石、卵石、央巴片石等作为砌筑材料；施工工艺除铺浆工作外同湿砌法相同。

（2）湿砌法：湿砌法是在石料之间通过铺设黏土浆或黄泥作为粘结材料的墙体砌筑方法。湿砌法因为石料之间有良好的粘结，所以具有很好的整体性，而且这种砌筑方法可以创造良好的建筑美观，所以广受传统藏式建筑的青睐，成为传统藏式建筑尤其宫殿、寺庙等建筑墙体的最主要砌筑方法；湿砌法的缺点是施工速度慢，投资成本高。

湿砌法根据墙面外观形制的不同，又可以划分为普通石砌墙、小石填缝墙等类型。

5. 普通石砌墙

普通石砌墙是不刻意在墙面制作纹理的一种砌筑方法。这种方法相对于小石填缝砌筑法，具有施工简单的优点，但是墙面肌理和美观较差。

普通石砌墙按照砌筑材料的不同，常见的有：毛、料石墙体（图4-16a），片石墙体（རྡོག）（图4-17a），片石和卵石组合墙体（图4-18a）等三种类型，广泛应用于各类建筑。其中，片石墙体因为石料之间的搭接紧密，墙体整体性非常好，是属于宗山类建筑墙体砌筑的主要方法；当片石墙体沿着高度方向每隔一定距离增加卵石

"骨料"后成了片石和卵石组合墙体,墙体性能基本同片石墙体相同。

普通石砌墙施工工艺:放线—铺浆—安装—校正

(1)放线:确定砌筑标高后,在基础顶面,从基础两端部向水平方向拉绳,以确保墙体在同一标高内砌筑,水平放线工作需要随着砌筑高度的提升而提升,因此在每层石料砌筑时要重复放线工作;在墙体内侧两端位置,为了保证墙体竖向笔直,应铅锤放线。当墙体没有收分时墙体外侧也需要铅锤放线。

(2)铺浆:采用黏性好的黄泥浆随砌随铺,黄泥浆水分要适中,不得含有大石块,铺浆厚度同场地的平整工作一样,在标高低的地方需要铺多一点,标高高的地方铺少一点,保证泥浆基本保持平整;黄泥砂浆最薄处的厚度不宜小于20mm。

(3)安装:在砂浆未干之前将石料平整的放置在上面,当采用乱毛石、平毛石等材料时,石料中间部位厚度不得小于200mm,外形轮廓要尽量的规则,以便搭接紧密。当石料有尖角或中间凸出等影响搭接时需要简单加工后方可砌筑。

砌筑应注意上下错缝、内外搭接、收分得当、不得出现通缝现象。上下石料之间搭接长度不得小于下层石料长度的三分之二。不宜采用外面侧立大块石,中间用小石块或碎石填空心的方法砌筑。当片石与卵石组合砌筑时卵石作为大骨料应每隔600mm左右砌筑一层卵石,石料之间要有足够的内外搭接。如果在黄泥砂浆干燥之后需要拆除,重新调整石料安放位置时,应将之前的砂浆清理后重新铺浆,方可砌筑(图4-16～图4-18)。

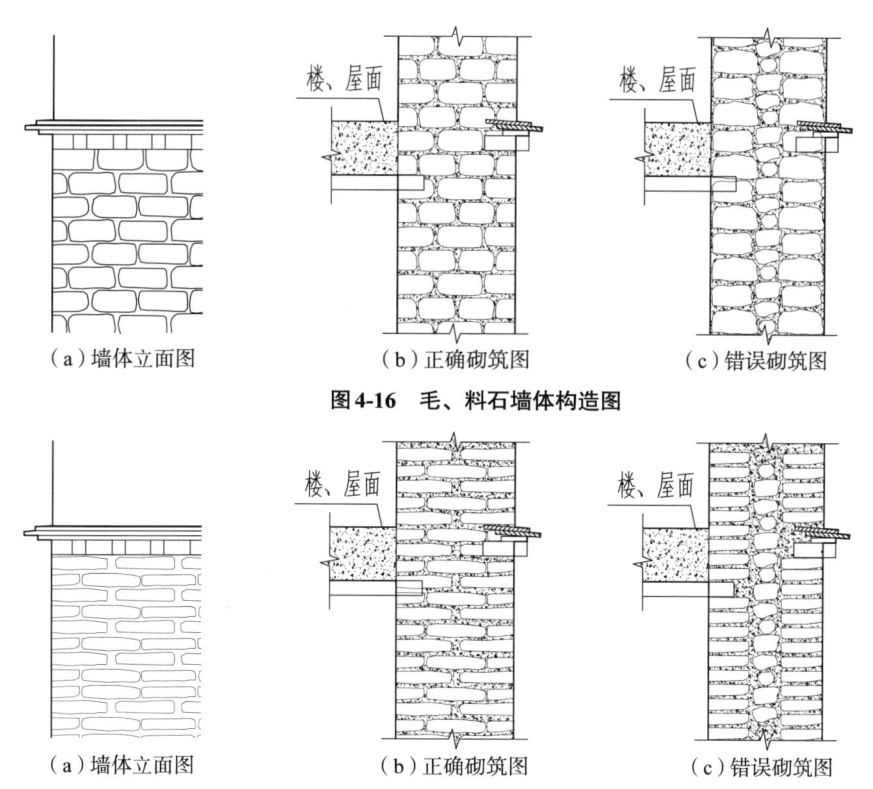

图4-16 毛、料石墙体构造图

图4-17 片石墙体构造图

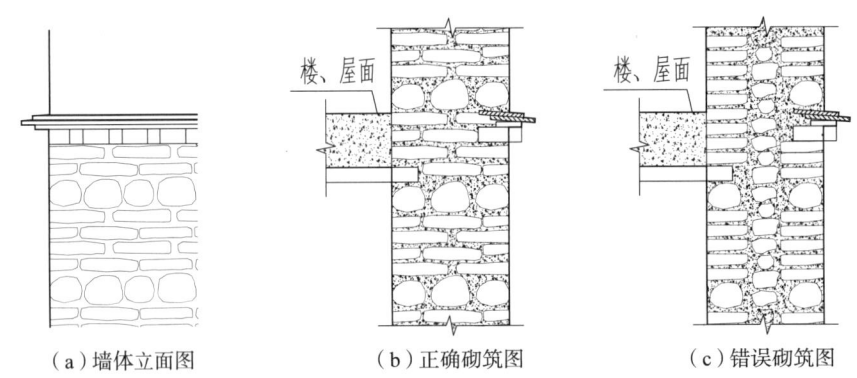

（a）墙体立面图　　（b）正确砌筑图　　（c）错误砌筑图

图4-18　片石、卵石组合墙构造图

（4）校正：根据墙体水平、竖向的平整情况，如果出现凹凸不平的石料，需要用手工或锤子敲打的方法来调整石料位置直至安装合适。

6.小石填缝墙（ རྡོ་ཆེན་ཆིག་པ་དང་རྡོ་ཆུང་གི་ལྕགས་ཀ ）

小石填缝墙是用大石头作为主要砌筑材料，横竖灰缝用小石板填缝的一种砌筑方法。这种方法因为石料之间留有一定的缝隙，在轻微外力作用时具有一定的形变空间，不会导致墙体的直接垮塌现象；小石填缝砌筑的墙体具有很好的灰缝肌理，灰缝的大小、形制可以根据建筑艺术的需求适当调整，砌筑方法灵活多样，但是砌筑工艺繁琐，投资成本高；通常用于砌筑宫殿、寺庙、庄园等建筑的外墙和院落、围墙等。

小石填缝墙体常用的砌筑石料有毛料石、粗料石以及半细石料等。小石填缝法施工工艺：放线—铺浆—垫平—安装大石—校正—填小石。

（1）放线：确定砌筑标高后，在基础顶面，从基础两端部向水平方向拉绳，以确保墙体在同一标高内砌筑，水平放线工作需要随着砌筑高度的提升而提升，因此在每层石料砌筑时要重复放线工作；在墙体内侧两端位置，为了保证墙体竖向笔直，应铅锤放线；墙体外侧一般都会制作收分，因此不需要铅锤放线。

（2）铺浆：采用黏性好的黄泥浆随砌随铺，黄泥浆水分要适中，不得含有大石块，最薄处的铺浆厚度不得小于20mm；石块间空隙较大时应先填塞砂浆后用碎石块嵌实，不得采用先摆碎石后塞砂浆或干填碎石块的砌法。

（3）垫平：在砌筑大石块之前，要用片石进行垫平工作。

（4）安装大石：在片石上面重新铺浆，然后在砂浆未干之前将石料平整地放置在上面，石料规格要基本一致，质地坚硬，不得出现开裂、无风化剥落现象，当选用料石时中间部位厚度不得小于200mm，外形轮廓要尽量的规则，以便小石块填缝均匀。当石料有尖角或中间凸出等影响搭接时需要加工平整后方可砌筑。

铺筑应注意上下错缝、内外搭接、收分得当、灰缝适宜，不得出现竖向灰缝过大或者上下通缝现象。横竖灰缝宽度应保持基本一致，上下石料之间搭接长度不得小于下层石料长度的二分之一。

如果在黄泥砂浆干燥之后需要拆除，重新调整石料安放位置时，应将之前的砂浆清理后重新铺浆，方可砌筑。块石每日砌筑高度不宜超过1.2m。

（5）校正：根据墙体水平、竖向的平整情况，如果出现凹凸不平的石料，需要用手工或锤子敲打来调整石料位置直至安装合适。

（6）填小石：选用大小尺寸基本相同，外形轮廓基本规整的小石块通过叠加的方法填补竖向灰缝，填补时应注意灰缝宽度基本保持一致；竖缝填补完成后铺浆叠砌横向灰缝，横向小石板铺筑时根据大石料的标高，局部高的或低的地方可通过增补小石板的方法予以调整标高（图4-19）。

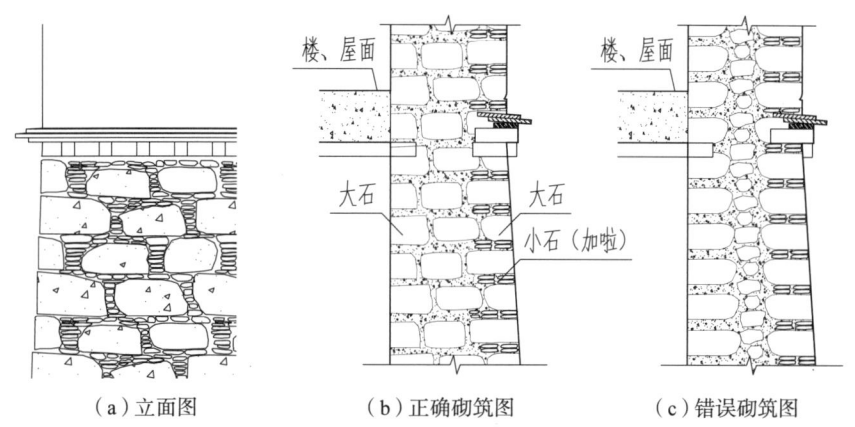

（a）立面图　　　（b）正确砌筑图　　　（c）错误砌筑图

图4-19　小石填缝墙体构造图

二、石砌墙细部构造

1.墙体的收分

墙体的收分是在建筑外墙的外侧，从室外地面至女儿墙或边玛草墙底部，按照一定的角度往内侧倾斜的一种砌筑方法。这种做法能够增强墙体的稳定性，使整个建筑外观显得稳重，具有沉重感，同时随着建筑高度的增加，可以有效地减轻顶部墙体的重量，是传统藏式建筑非常科学的一种砌筑方法。外墙内侧为了不影响室内空间，砌筑时要笔直，不做收分。

墙体的收分没有严格规定具体要做多少，在实际工作中主要是凭借石匠工人的工作经验来确定。但是，不管怎样，收分的角度必须要适当，角度过大整体建筑会显得"懒散"，而且容易偏移轴心而影响墙体的结构安全，收分过小则不会起到实质性的作用。

以卫藏地区单、多层的新建建筑物为例，常见收分大小如下：

（1）当建筑物修建在平坦地面时，墙体收分较小，一般沿1m墙高，往内侧收3cm，收分率为3%左右，图4-20b所示。

(2)当建筑物修建在坡地时,根据地形坡度的大小来具体确定。当地形坡度较大的时候收分要适当加大,反之,则减小。一般沿1m墙高,往内侧收5~6cm,收分率为5%~6%左右,图4-20c、图4-20d所示。

(3)当建筑物修建在比较陡峭的坡地或者大型高层建筑时,收分率可以放大至10%左右。收分时应考虑墙体顶部收分后的厚度控制在40~70cm左右。

收分率=收分宽度(L)/室外地面至女儿墙底部高度(H)×100%

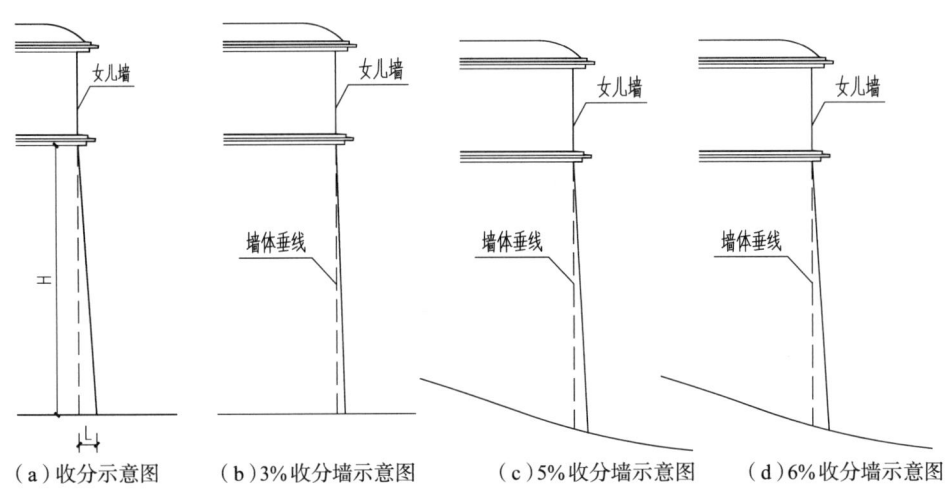

(a)收分示意图　　(b)3%收分墙示意图　　(c)5%收分墙示意图　　(d)6%收分墙示意图

图4-20　墙体收分示意图

2. 门窗洞口细部构造

门窗洞口处的墙体必须要坚固,而且要满足过梁搭接的要求,方法同转角处的墙体砌筑方法,要将长短石料上下搭接、内外搭接。

过梁搭接处应选用较大的石料来砌筑,过梁伸入墙内的长度不宜小于250mm,当门窗洞口跨度较大时要适当加大过梁深入墙内的长度。

窗台转角处要错开灰缝或小石填充的缝隙,以防出现通缝现象,图4-21所示;有时,为了防止窗台转角处出现通缝现象,也可以用木梁或条石作为窗台梁,窗台梁的两端伸入墙内不宜小于250mm,窗台处的石料应平直,台面宜稍向外倾斜,以便窗台台面排水(图4-21c)。

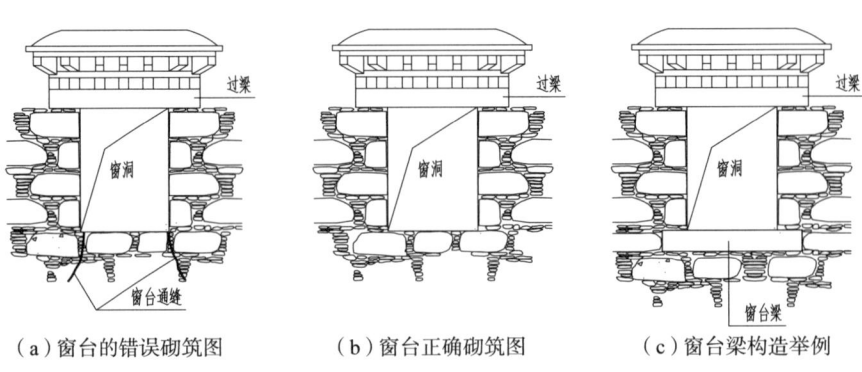

(a)窗台的错误砌筑图　　(b)窗台正确砌筑图　　(c)窗台梁构造举例

图4-21　门窗洞口构造图

3. 墙体的拉结

石砌墙体拉结方法参考《村镇房屋抗震技术规程》，主要包括如下三个内容：

（1）为了保证墙体的整体稳定，石料之间应加强横向、纵向、竖向三个方向的联系。方法是布置拉结石，要求拉接石要均匀分布，互相错开；拉接石宜每0.7m²墙面设置一块，且同皮内拉接石的中距不应大于2m；拉接石的长度，当墙厚等于或小于400mm时，应与墙厚相等；当墙厚大于400mm时，可用两块拉接石内外搭接，搭接长度不应小于150mm，且其中一块的长度不应小于墙厚的2/3（图4-22）。

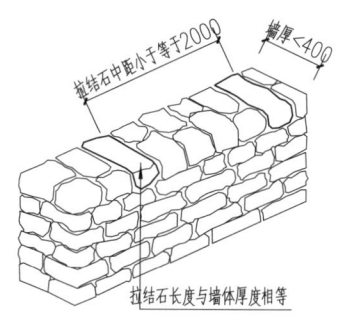 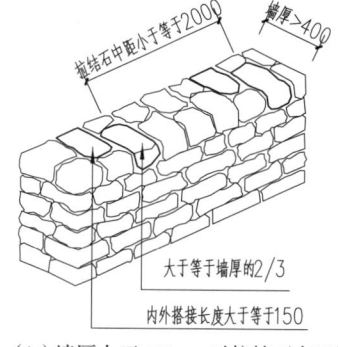

（a）墙厚小于400mm时拉结石布置图　　（b）墙厚大于400mm时拉结石布置图

图4-22　墙体拉结石做法

（2）纵横交接处以及转角位置，每皮石料之间要严格设置拉结石（图4-23）。

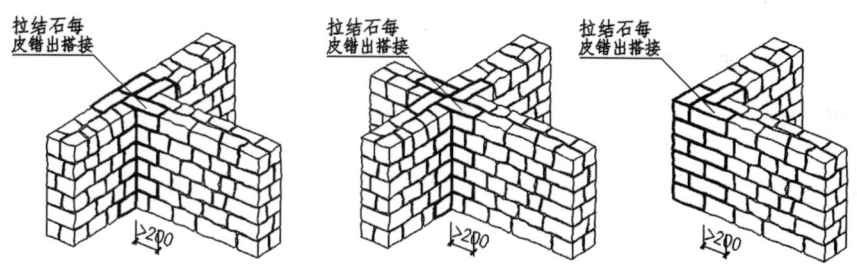

图4-23　纵横交接及墙体转角砌法图

（3）当有抗震要求时，在墙体转角以及内外交界处也可采用钢筋拉结，方法是沿墙高每隔500～700mm设置2φ6拉接钢筋，每边伸入墙内不宜小于1000mm或伸至门窗洞边（图4-24）。

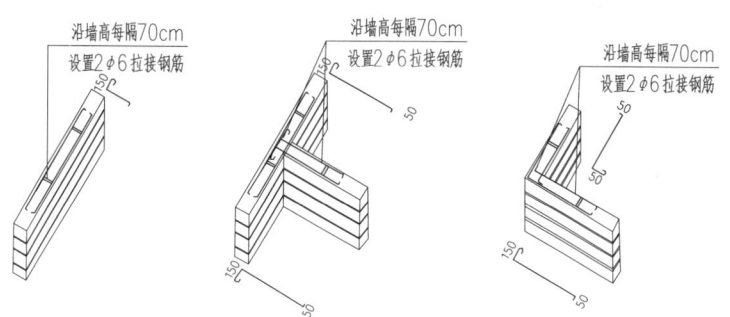

图4-24　纵横交界处钢筋拉结做法

第五节 木板墙构造及安装

木板墙是建筑主体墙段采用圆木、半圆木或方木来垒筑的墙体。这种墙体主要出现在亚东、吉隆、林芝、昌都以及四川、云南等木材资源丰富地区的传统建筑。木板墙质轻,属弹性连接,因此具有良好的抗震性能,同时,具有施工速度快、施工受季节的影响因素小的优点;缺点是墙体厚度小,不利于建筑的保温和隔热,而且木材耗量大,不利于环境保护(图4-25,图4-26)。

以甘孜州道孚、炉霍县的木板墙建筑为例,从建筑构造方法来说,它是由梁、柱为主的框架构件和墙体、楼、屋面的围护构件组合而成,类似于现代钢筋混凝土建筑的框架结构;外观形制同普通石木、土木结构的建筑类似或一样,由藏式门、窗户以及檐口装饰构件组成,具有较强的该区域藏式建筑的特色(图4-26)。

图4-25 林芝察隅县现代木构房子

图4-26 甘孜州炉霍县木构建筑

以甘孜炉霍县的藏式建筑为例,木板墙类建筑的基本构造组成包括:框架梁、框柱以及椽子木等构件。房屋搭建方法是先搭建框架梁、柱,完成后安装木板墙体即可(图4-27a)。

墙体安装用的木板可以是方木也可以是圆木或半圆木。当采用圆木或半圆木时尺寸不宜过小，圆木上下两面要切成平面，以便于上下安装平整；当采用方木条时只需刨好皮即可。

常见墙体的安装方法有榫接法和卡板连接法两种（图4-27）。

1. 榫接法：是在上、下木板之间采用榫卯或暗销连接的方法。这种方法适用于方木垒筑的墙体。转角处，上下木板通过凹槽插接的方法予以固定；门窗洞口开设处，洞口两边设置窗框木柱与上下木板榫卯连接，窗户顶部一般跟房屋大梁底部齐平，如果需要设置过梁，将两边立柱和过梁同时制作安装即可（图4-27b）。

2. 卡板连接：是在上下原木两面开通长卡槽，卡槽内部安装通长卡板来连接上下原木的方法。这种方法改善了木板之间缝隙透风的弊端，加强了房屋的整体密闭性，有利于房屋的保温和隔热。上、下木板之间的连接同样采用凹槽插接的方法，门窗洞口的制作方法同上（图4-27c）。

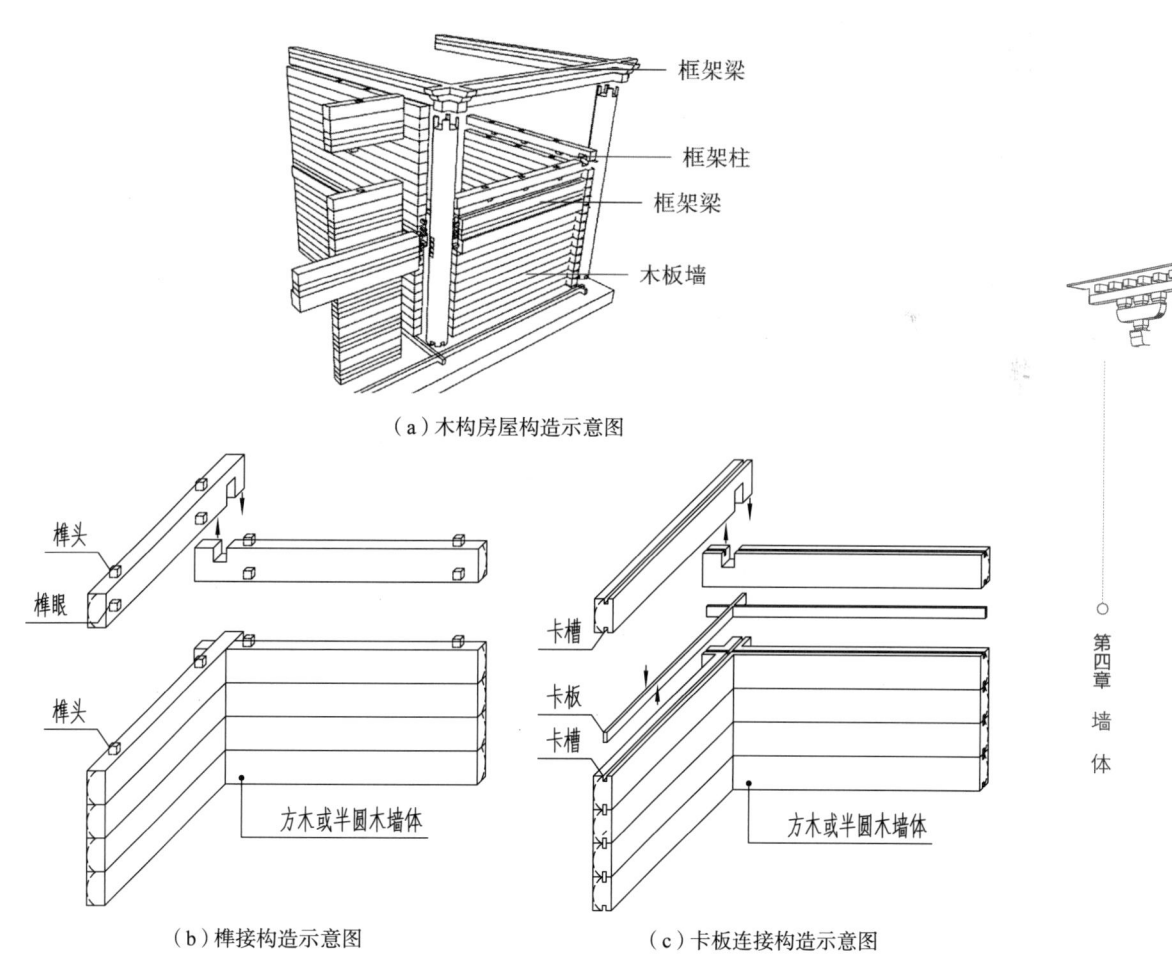

图4-27 木板墙安装示意图

第六节 其他墙体

一、混合墙体

墙身段采用两种或两种以上材料砌筑的墙体称之为混合墙体。混合墙的组合形式根据砌筑材料的不同，常见的有土坯砖与石砌墙的组合墙、夯土墙与石砌墙的组合墙、石砌墙与木板墙的组合墙、夯土墙与木板墙的组合墙等类型（图4-28）。

1. 土坯砖与石砌墙的组合墙：方法是墙身底部为了防水、防潮以及防止人为破坏，采用不透水的石料砌筑，高度没有严格规定，可以是1000mm左右，也可以是一个楼层或两个楼层高；墙身上部为了减轻墙体重量，采用土坯砖等轻质材料砌筑。其优点是丰富立面效果，提高下部墙体的耐久性；缺点是在地震等外力作用时，两种材料变形不一致容易导致交接处开裂。此类组合形式在卫藏、阿里等地区的民居建筑、寺庙以及其他类型的建筑中应用较广泛，是属于比较普遍的一种组合形式（图4-28a）。

2. 夯土墙与石砌墙的组合墙：此类墙体常见于昌都、甘孜等藏东地区，原理及方法同土坯砖与石砌墙的组合方法相同，即墙身底部为了防水、防潮以及防止人为

（a）石砌墙与土坯砖墙组合墙

（b）夯土墙与石砌墙组合墙体

（c）石砌墙与木板墙组合墙

（d）夯土墙与木板墙组合墙体

图4-28　各类组合墙图片

破坏采用不透水的石料砌筑，高度一般在一个楼层之内，上部采用夯土墙筑成的墙体（图4-28b）。

3. 石砌墙与木板墙的组合墙：是墙体底部用石料砌筑，上部用木板垒筑的墙体；常见于林芝、亚东、昌都以及四川、云南等木材较多的地方（图4-28c）。

4. 夯土墙与木板墙的组合墙：同上，常见于藏东地区（图4-28d）。

二、轻质隔墙（隔断）

为了满足使用功能或是为了减轻墙体重量，选用木材等轻质材料来制作的墙体或隔断称之为室内隔墙（隔断）。室内轻质隔墙的类型根据制作方法的不同常见的有窗户隔墙、木板隔墙、木骨泥隔墙等类型。

1. 窗户隔墙：是采用窗户的形式来制作的隔墙。适用于有采光要求的房间。

2. 木板隔墙：是采用木板作为室内分隔构件的隔墙类型。墙体的制作、安装同普通木板墙相同（详本章第五节）。

3. 木骨泥墙：是以小型圆木作为骨架，缝隙由泥巴填充形成的墙体，这种墙体历史悠久，施工方便，但是承载能力较差，所以一般只用来做建筑物内墙或承载力较小的隔墙。木骨泥墙的做法在藏东昌都、甘孜、阿坝等地比较普遍，其他藏区相对比较少见。具体做法是设置立柱和上、中、下横向连接的横档，缝隙位置用竹条或荆笆编制形成框架层，框架层内填充泥浆，泥浆表面根据装饰需求涂膜灰浆（图4-29）。

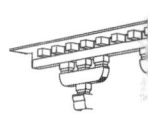

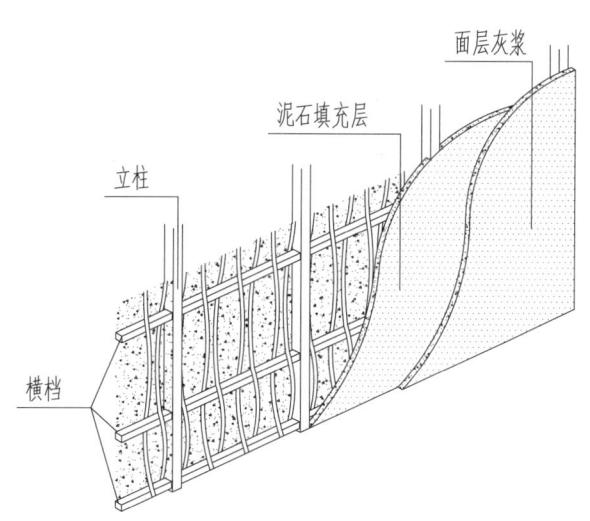

图4-29 木骨泥墙构造图

第七节 勒脚、女儿墙构造及施工

一、勒脚

基础以上至室内地面或主体墙段以下的墙体称之为勒脚，作用是阻止墙身受潮。当主体墙体为石材类不透水材料时，可以将勒脚和墙身连为一体砌筑，不需要单独砌筑勒脚；当主体墙体为土或木板类的透水材料时，为了阻止墙体根部受到地表水、地下水等的影响，必须要做不透水材料的勒脚构造。

勒脚高度不宜低于室内地面的高度，且不宜小于600mm，这样可以有效阻止外墙渗水导致的室内地面受潮问题。在实际工作中勒脚的高度可以结合建筑外立面效果来综合考虑。

勒脚类别按照材料的不同有毛、料石勒脚、片石勒脚、卵石勒脚以及组合材料的勒脚等类型（图4-30所示）。

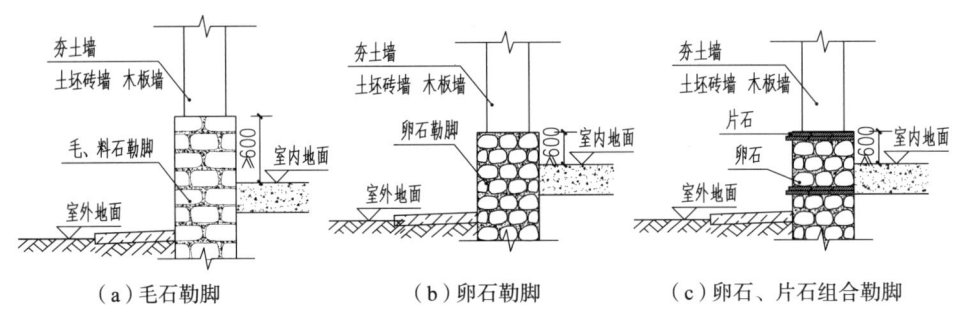

图4-30 勒脚构造图

勒脚的施工方法同墙体施工一样，根据施工条件，可以选择干砌法，也可以选择湿砌法。当拟建区域雨水量大，土层潮湿的时候宜选择干砌法；当雨水量小，土层干燥时宜选择湿砌法。

以毛、料石干砌法为例，勒脚施工工艺包括：定位—放线—砌筑—校正。

1.定位、放线：室外地面以上，砌筑勒脚时，要先确定每个转角位置的砌筑位置，然后从转角位置用绳子拉水平线，水平线的作用是保证砌筑的每一层保持在同一标高内；水平线随着砌筑高度要一层一层的往上移动，直至砌筑完成；

2.砌筑：室外地面以上的勒脚砌筑方法同墙体砌筑方法一样，应注意上下错缝、内外搭接不得出现通缝现象。上下石料之间搭接长度不得小于下层石料长度的1/3。不宜采用外面侧立大块石，中间用小石块或碎石填空心的方法砌筑。

3.校正：根据墙体平直度以及收分情况手工调整石料位置，直至安装位置合适。

二、女儿墙

女儿墙是砌筑在院落围墙顶部以及屋面以上的墙体，藏语名为"贡拉"。作用是屋面的安全防护和墙体顶部的防水以及美化墙体造型等。

女儿墙的形制根据建筑性质不同、区域做法的不同有所区别。常见女儿墙按照砌筑材料的不同，划分为边玛草墙、石砌女儿墙、土坯砖女儿墙、其他女儿墙体等四种类型。

1.边玛草墙

边玛草墙是采用当地边玛枝条（柽柳枝）捆绑砌筑的一种墙体。一般出现在女儿墙位置或者在建筑物的顶层。边玛草墙具有良好的承载能力和装饰功能，因此广泛应用与宫殿、寺庙等重要建筑的女儿墙装饰，是一种体现建筑重要性的标志之一。

边玛草墙的高度和层数没有严格的规定，一般同女儿墙的整体高度一致，有时也会做双层边玛草墙，当出现双层边玛草墙时，下部段的边玛草墙称之为"边钦"；上部段的边玛草墙称之为"边琼"。边钦和边琼之间，采用青石板、短椽等制作腰线予以分开。

（1）边玛草墙构造组成及各部位名称

边玛草墙的构造组成包括：墙身、装饰构件、墙帽三部分。

①墙身：墙身段由两部分组成，即墙体内侧的石砌或土坯砖砌筑的"贡拉"和墙体外侧的边玛草墙。边玛草墙在墙体内深入的长度不宜小于墙体总厚度的1/2。

墙身段根据边玛草墙层数的不同，常见的有单层边玛草墙和双层边玛草墙之分。双层边玛草墙使用于宫殿建筑以及集会大殿等重要建筑的外墙。

②装饰构件：包括铜皮制作的"边坚"和各类木装饰构件。常见的木装饰构件包括嘎玛木条、短椽（别博）、卡星等（图4-31）。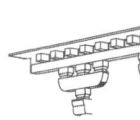

③墙帽：是位于墙体最顶部的"封口"构件，藏语名称为"ཉ་རྒྱབ"即"鱼背"。

（2）边玛草墙的施工

边玛草墙施工工艺：找平放线—墙身砌筑—装饰木构件的安装—夯筑墙帽—加固涂色六个步骤。

1）找平放线：将要砌筑边玛草墙的基层墙体顶面使用黄泥砂浆找平，然后沿着水平和竖向放线，以保证墙体砌筑的横平竖直；

2）墙身砌筑：墙身砌筑包括三个步骤；

①材料的加工：筛选、刮皮、晒干边玛树枝，要求筛选的边玛直径不宜过大（约筷子直径）而且不允许有弯曲或折断现象；捆绑边玛用的牛皮绳为了保证在捆

绑时具有良好的延展性能和捆绑干燥后具有良好的收缩性能，需要用水浸泡，浸泡时间一般为一天；

②捆绑、坎切：根据不同墙厚需求，将晒干后的边玛枝条用牛皮绳捆绑成直径约100mm左右的边玛束条，同时将朝外侧的边玛平面要坎切平整，朝内侧或尾部边玛（藏语名ཙྭ་ཁ）可以有适当的长短，方便与贡拉做拉结。坎切完成后的边玛束条，长度一般不宜小于墙厚的2/3（图4-31d）；

③砌筑边玛：将捆绑好的束条边玛按照长短交叉，尾部朝内的原则垒砌至所需高度。长度较长的边玛尾部要深入至女儿墙（贡拉）石块之间，并做好压实工作，以起到良好的拉结作用。砌筑时束条边玛之间要用泥浆灌缝密实，不宜留置大空隙，每层砌筑时应放置水平基准线，保证垒砌高度基本一致，垒砌面基本平直。同时，上下两层束条边玛之间要用栗楔星形加固；

转角处，边玛草墙垒砌必须要保证笔直，否则会影响整体边玛草墙的稳定性和美观。做法是首先要将束条边玛捆绑成组，一般以三、四束边玛捆绑成组；其次，把成组的束条边玛按照垒砌角度的要求，将其端部坎切成直角和带有一定角度的斜角，即成了"苏边"（ཟུར་ཤོག）和"涩边"（གཤག་ཤོག）（图4-32）。最后，将苏边和涩边在墙体转角处安装并固定、调整、加固即可（图4-32）。

3）安装木构件：边玛草墙砌筑完成后按照装饰层数的不同放置嘎玛木条、短椽、卡板、卡星等装饰木构件。需要注意的是，当墙体为边玛草墙时，为了能够起到良好的压实、固定作用，装饰短椽一般为墙体两侧通长的短椽，即短椽长度为墙体厚度＋两侧伸出长度。当然，也可以在内外两侧墙上单独布置两排独立的小短椽；

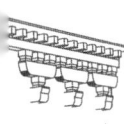

4）夯筑墙帽：夯筑墙帽之前，在墙体两侧应安装青石板。青石板安装时为了便于合理的排水，应适当做排水坡度，并应挑出墙体外至少150mm；当需要挑出的深度较大时，青石板可以铺设2~3层，层层往外挑出。安装完成青石板之后，分层夯打粗阿嘎土；墙帽顶部为便于排水，应做成弧形。阿嘎土夯打完成后，在要求高的地方用鹅卵石反复摩擦墙帽表面，直至浮现阿嘎土碎石轮廓，就算基本完成墙帽的夯筑工作；

5）加固、涂色：待墙帽夯筑完成之后，为了加强边玛草墙的整体刚度和稳定，选择一定数量的单根边玛枝条，通过人工加塞的方法，填补边玛草墙空隙，直至边玛完全密实，无空洞和松动现象；加固工作应每年进行。

最后，用藏红色灰浆喷洒至边玛草墙树枝，待养护晾干，完成所有工作。

（3）转角位置边玛草墙的砌筑

转角处的边玛草墙垒砌必须要保证笔直，否则会影响整体边玛草墙的稳定性和美观。做法是首先要将束条边玛捆绑成群，一般以3~4束边玛捆绑成群；其次，

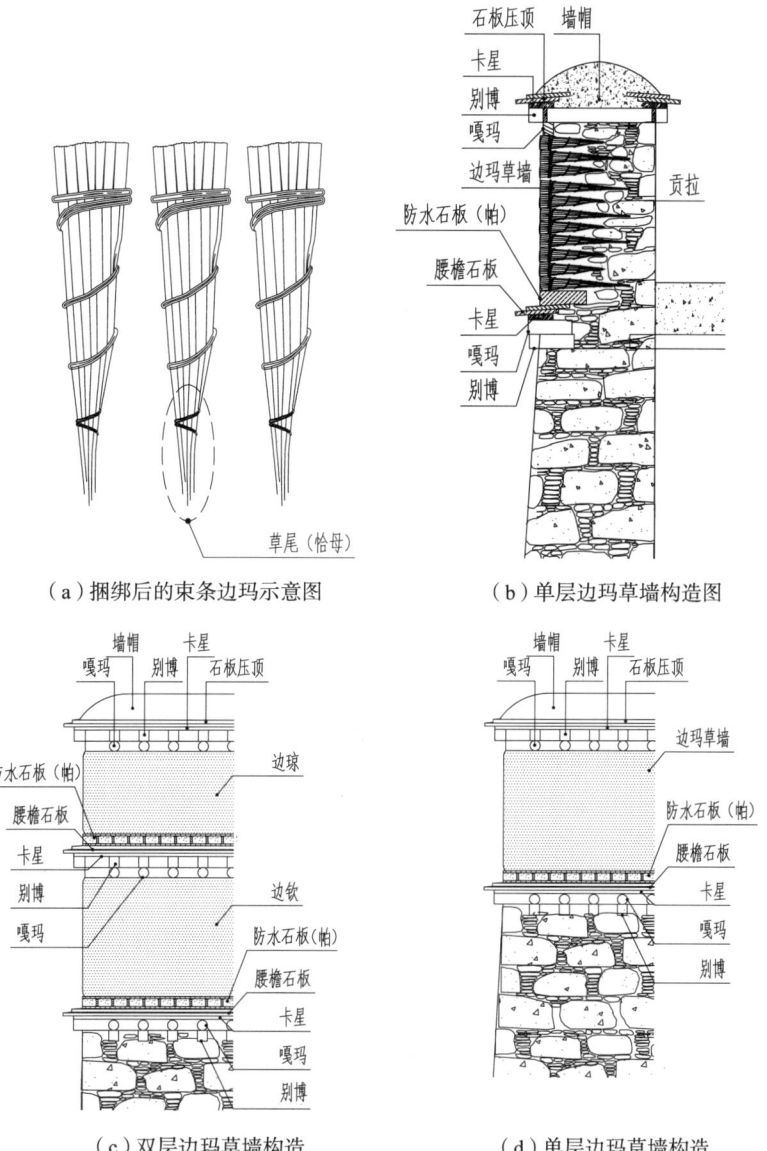

(a) 捆绑后的束条边玛示意图　(b) 单层边玛草墙构造图

(c) 双层边玛草墙构造　(d) 单层边玛草墙构造

图 4-31　边玛草墙构造及名称

将群条边玛按照垒砌角度的需求将其端部坎切成直角和带有一定角度的斜角,即成了"苏边"(དུར་ཤེལ།)和"涩边"(གསེག་ཤེལ།)。最后,将苏边和涩边在墙体转角处安装并固定、调整、加固即可(图4-32)。

(a) 苏边、涩边

(b) 转角边玛草墙砌筑现场

(c) 边玛加固

图 4-32　转角位置边玛草墙构造图

（4）墙帽

墙帽作为墙体顶部的封口构件，它必须要满足防水的功能，同时要具备快速的排水能力。因此，墙帽的砌筑必须要坚固而且要带有排水坡度（图4-33）。

传统藏式建筑常见的墙帽有素土墙帽、阿嘎土墙帽等。墙帽的形状因排水需求，一般要做成弧形，形似鱼背。

以阿嘎土墙帽为例，墙帽的构造及施工工艺包括：基层—粗阿嘎—中阿嘎—细阿嘎—打磨—保养。

①基层：以墙身为基本构造层，在其上部，内外两侧的卡星木上放置青石板，青石板安装时为了便于合理的排水，应适当做排水坡度，并应挑出墙体外至少150mm，当需要挑出深度较大时，青石板可以铺设两、三层，层层往外挑出，这样能够挑出更深的距离。

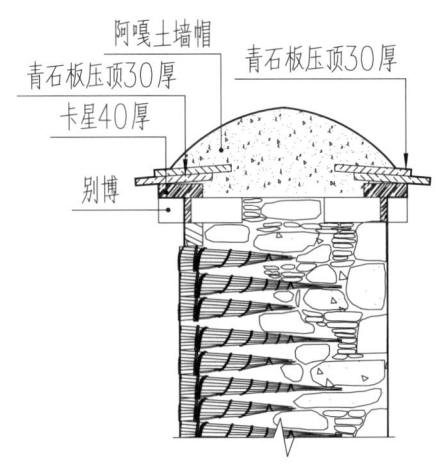

图4-33 墙帽构造图

②粗阿嘎：手工夯打粗阿嘎土直至夯打牢固，夯打厚度50～100mm左右。

③中阿嘎：夯打中阿嘎土直至夯实、墙帽基本成形，夯打厚度60～150mm左右。

④细阿嘎：细阿嘎土夯打初步平整后重复洒水、重复夯打直到完全平整有光泽，夯打厚度40～60mm左右。

⑤打磨：用鹅卵石人工打磨墙帽表面，将打磨出来的阿嘎粉清理干净，直至阿嘎土颗粒纹理清晰。

⑥保养：用清油等侵蚀的抹布重复擦拭阿嘎土面层，保持墙帽光亮。

2. 石砌女儿墙

是女儿墙墙身段采用石料砌筑成的女儿墙。一般当主体建筑墙体为石砌墙时女儿墙才会砌筑成石砌墙。构造及砌筑工艺同墙体砌筑工程，不同的是女儿墙的墙体为竖直，不做墙体的收分（图4-34a）。

3. 土坯砖女儿墙

是女儿墙墙身段采用土坯砖砌筑成的女儿墙。一般当主体建筑墙体为土坯砖墙时女儿墙会砌筑成土坯砖墙。有时，为了减轻顶部墙体的重量，当主体建筑为石砌墙时女儿墙位置会砌筑成土坯砖女儿墙。其构造及施工工艺同墙体工程（图4-34b，图4-34c）。

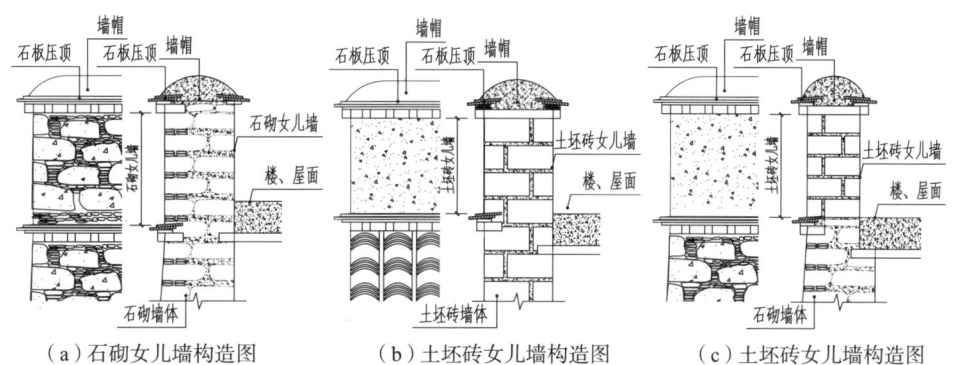

（a）石砌女儿墙构造图　　（b）土坯砖女儿墙构造图　　（c）土坯砖女儿墙构造图

图4-34　不同类型女儿墙构造图

4. 其他女儿墙

除了上述几种类型的女儿墙之外，在藏东、青海等地方有瓦顶边玛草女儿墙；阿里、卫藏等地方的民居建筑中有树枝、草料、草坪以及牛粪砖等砌筑的女儿墙。总之，按照区域的不同，女儿墙的形制也是多样的（图4-35）。

（a）瓦顶边玛草女儿墙举例　　　　（b）牛粪砖女儿墙举例

（c）树枝堆砌女儿墙举例　　　　（d）普兰县民居女儿墙举例

图4-35　其他女儿墙举例

第八节 墙体装饰工程

藏式建筑装饰工程是以社会人文和民族文化为背景和主线,以美化室内外环境为宗旨,采用就地取材的原则,在藏式建筑广泛分布的区域,根据材料、构法等的差异,造就了统一又多样的藏式建筑装饰风格。以墙体装饰来讲,藏式建筑的墙体不管是材料的运用还是颜色的搭配,整体呈现出比较统一的风格,但是在局部如别博、门、窗边框、边玛草墙、房屋内墙等重点装饰位置通过材料的变化、颜色的搭配、图案彩画的绘制等手段,巧妙地打破了墙面单调的风格,创造了粗犷豪放又精致细腻,具有鲜明地域特色的藏式建筑墙体装饰风格。

传统藏式建筑墙体装饰按照装饰位置的不同分为:外墙装饰和内墙装饰两种。

按照装饰材料、构法的不同分为:壁画和彩画装饰(图4-36)、涂刷装饰、预制装配式装饰及其他装饰等四种类型。

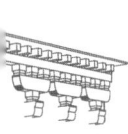

图4-36 布达拉宫壁画
来源:《世界文化遗产——布达拉宫》主编:索南航旦 西藏人民出版社

一、壁画、彩画装饰概述

壁画、彩画是传统藏式建筑室内最普遍的装饰手段,此类装饰方法可以创造较好的室内艺术效果,具有浓郁的地域文化特色,但是需要投入的人力、财力较大,尤其壁画装饰需要耗费大量的时间和金钱,所以只有在宫殿、寺庙、园林、庄园等建筑的重要房间,具有足够财力支撑的时候才会选择壁画装饰;而彩画装饰可以根据实际情况可简、可繁,而且根据房间使用性质的不同可以灵活处理彩画内容,因此,广泛使用于民居建筑以及宫殿、寺庙、庄园等建筑次要房间的室内装饰(图4-37,图4-38)。

图 4-37 布达拉宫墙面壁画
来源:《世界文化遗产—布达拉宫》主编:索南航旦 西藏人民出版社

壁画题材非常广泛,涉及政治、经济、文化、历史、建筑等方面,有历史事件、人物传记、宗教教义、西藏风土、民间传说、神话故事等内容,堪称历史的百科全书。这些精湛的壁画艺术品是藏式建筑独特的室内装饰风格。

普通建筑的室内彩画内容相对简单,题材更加亲民,颜色也更加柔和,不会像宫殿、寺庙那样给人威严、肃穆和震慑之感。常见的构图方法是在内墙顶部绘制长腰纹（ༀ་མེད་རིས་）、半满璎珞（དབུ་ད），见图4-41，图4-42；墙裙处绘制蓝、红、绿三色彩带，彩带以下墙体一般整面涂红；彩带与腰纹之间的墙段先涂底色，然后绘制各类彩画图案，是内墙重点彩画装饰的部位。

图4-38 罗布林卡壁画（帕邦喀建筑）
来源：《罗布林卡》主编：西藏建筑勘察设计院 中国建筑工业出版社

室内彩画题材涉及风景画、动植物、人物肖像等。常见的彩画图案有"吉祥八宝""八瑞物""五妙欲"等的组合或分件彩画图以及"和气四瑞"图、"圣僧"图、"六长寿"图之类的画以祈求和睦相处、地方安宁、人寿年丰。

在入口大院的门廊两壁，一般要绘蒙人驭虎图和财神牵象图。图4-39是常见墙面彩画举例。

壁画和彩画绘制的颜料主要为矿物颜料，即矿物原料采取研磨的方法，将其研磨至粉状，加水搅拌成稠浆，再用纱布过滤出杂质后放置澄清，自然蒸发成固体，彻底晒干后再研磨制成颜料粉末。这种颜料绘制的壁画颜色鲜艳，经久不退。

和气四瑞

蒙人驭虎

五妙欲

财神牵象图

八瑞相托瓶

八瑞物托瓶

图 4-39 常见墙面彩画举例
来源：《藏族传统绘画图谱》著：仁青巴珠/次仁多杰 西藏人民工业出版社

壁画、彩画绘制的墙面必须要坚固、平整，一般选用黏性较好的帕嘎土作为找平层，分层抹灰，在重要建筑物墙面做壁画时，为保证墙面光亮平整，常常选用细阿嘎土作为面层抹灰，待干燥平整后绘制壁画和彩画。

墙面的处理方法及构造组成包括：底灰—中灰—面灰—壁画（彩画）

①底灰：藏语"粗谢"，黄泥直接在墙面抹平，待全干。

②中灰：藏语"帕谢"，黄土和粗沙子用2∶3的比例勾兑，加入适当麦草和细木炭，人工搅拌均匀后用工具抹上墙面。麦草可以起到拉结和稳定的作用，细木炭可以起到防虫和稳定性能的作用。

③面灰：藏语"谢钦"，用较细的阿嘎土和沙子按1∶1的比例拌匀，再拌泥后抹在墙面上。待面灰干燥后类似阿嘎土打磨工艺，先用较大的卵石"乌底"摩擦，稍干后用普通"乌底"连续打磨，使泥壁变干，直到能发出亮光为止（图4-40）。

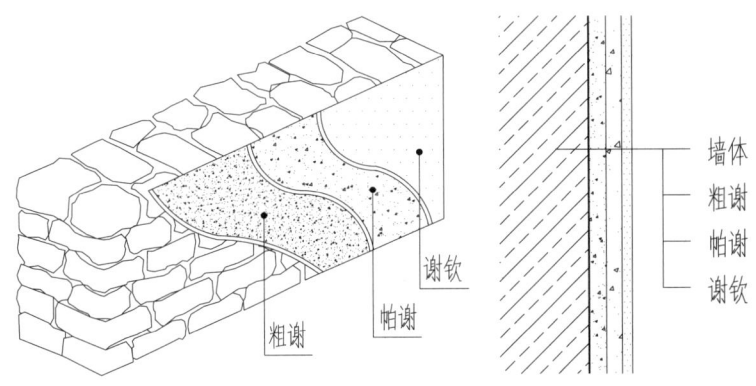

图4-40　壁面处理构造图

图4-41　半满璎珞举例

图4-42　彩带纹及腰纹举例

二、涂刷式墙面装饰

涂刷式是指选用灰浆（涂料）、泥浆等材料涂刷墙面的装饰手法，这种装饰手法工艺简单，成本较低而且能够创造良好的装饰效果，因此，广泛应用于各类建筑的外墙装饰和局部内墙装饰。

1. 涂刷材料

涂刷材料一般为带有各种色彩的堆积岩、玄武岩、硅质岩之类的天然岩土，经加水融化、搅拌后适用于涂刷墙面的材料。因各区域的岩土资源不同，因此，墙体颜色在各区域也有所差别，常见的有白色岩土（灰浆）、灰色岩土（灰浆）、红色岩土（灰浆）。

有时，为了加强岩土灰浆在墙上的粘结附着能力，岩土加水融化后可掺入适当的"甜"制品，在布达拉宫等重要建筑外墙涂刷时也掺入适当的牛奶，即可以加强粘结附着力，又可以将墙面灰浆更加白、亮，更加美观。

2. 外墙涂刷

当外墙为石砌墙时，墙体具有足够的防水、耐磨等能力，而且砌筑石料本身可以创造良好的装饰效果，因此，根据墙面颜色的需求，均匀地喷洒灰浆即可，不需要做更多的涂刷工作。

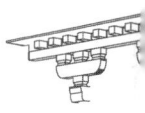

当墙体材料为土坯砖等透水材料时，为了防止墙面渗水导致土坯砖变质而影响建筑物的正常使用，通常选用涂刷泥浆的方法。典型的有藏式手抓纹墙面装饰（图4-43）。

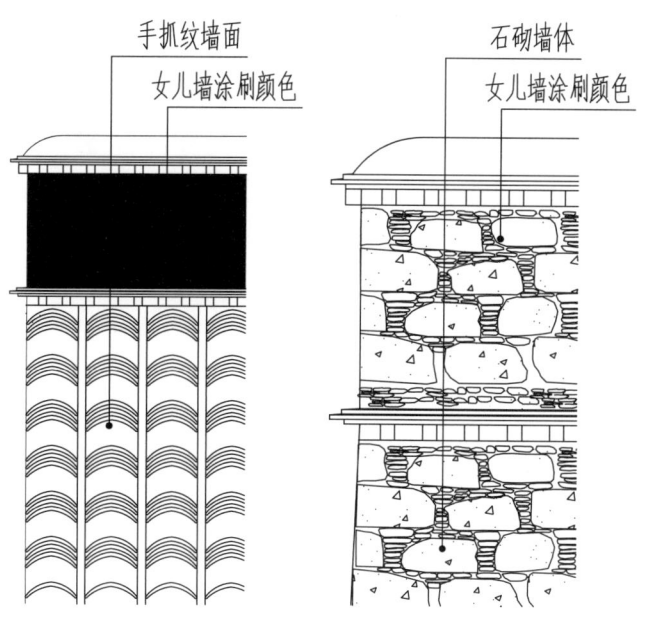

图 4-43　外墙涂刷装饰举例

除此之外，尤其民居建筑的外墙还会出现各类动物、符号类的涂画装饰（图4-45）。

手抓纹墙面装饰时基层墙面不要求光亮平整，如果过于平整光亮反而会弱化面层材料的粘贴，所以工序比较简单。具体包括：基层处理—制作手抓纹—喷洒灰浆—养护。

（1）基层处理：将砌筑好的土坯砖墙表面建筑垃圾以及明显的突出物清理，并适量洒水。

（2）制作手抓纹：将拌制好的泥浆在基层墙面上用手向逆时针方向涂刷，将手指纹路深度适中地印记在墙面上，形成手抓纹墙面。拌制泥浆时在泥浆里面应放置适当的麦草以加强墙面抹灰的拉结，起到加固、稳定的作用。

（3）喷洒灰浆：待泥浆手抓纹干燥后表面喷洒灰浆。

（4）养护：墙体表面灰浆风吹雨淋，如果时间过久会出现脱落、失色等现象，因此，应每年喷洒一次灰浆，以保持良好的装饰效果。

3. 内墙涂刷

当内墙不做彩画时，只需将墙面基层用泥浆找平，完成后涂刷灰浆颜色即可。如果墙面平整度要求较高，可参考壁面处理方法，做2～3道找平层，待墙面完全平整后涂刷灰浆。另外，在民居建筑中，采用糌粑糊点涂装饰的方法也是属于内墙装饰比较常见的方法之一（图4-44）。

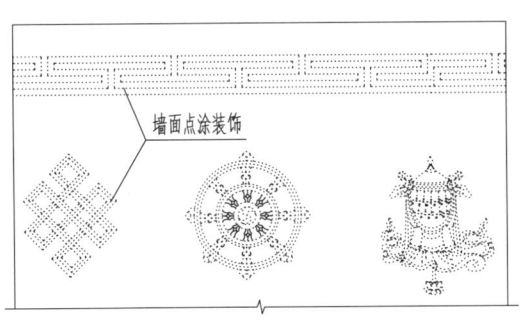

图4-44 内墙糌粑点涂装饰举例

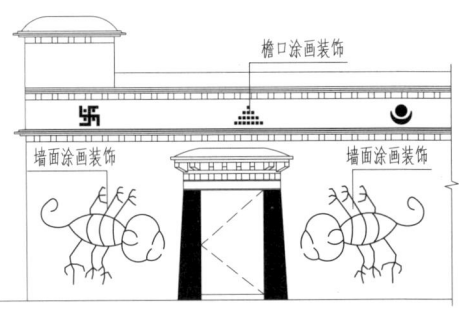

图4-45 外墙涂画装饰举例

4. 门窗黑边及檐口涂刷

藏式建筑门窗洞口处为了强化装饰效果，往往会涂刷黑色灰浆、黑色碳粉汁或沥青类材料形成似窗套的边框，俗称黑边。

黑边的涂刷方法有两种。一种是将灰浆、碳粉汁或沥青类材料直接涂刷在门窗洞口边缘。另外一种为了创造更好的视觉效果，将黑边位置涂刷一道黄泥浆，表面平整干净后再涂刷黑边。

黑边的造型根据地方的不同有多种样式，常见的有卫藏地区近似梯形的黑边和西部阿里地区的弧形黑边以及甘孜阿坝地区似圆形的黑边等类型（图4-46）。

檐口位置，按照建筑性质和地方的不同，涂刷黑色、红色为主的各类颜色，其涂刷方法同门窗黑边的涂刷方法相同。在民居建筑中檐口位置也会涂画各类图案（图4-45）。

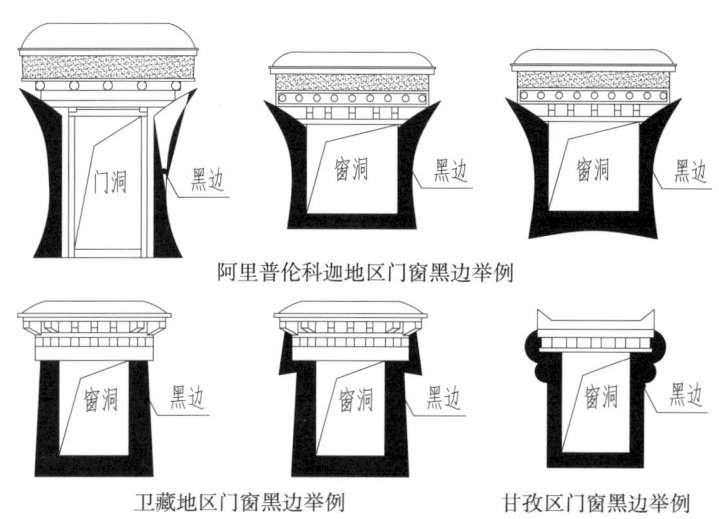

图4-46 门、窗黑边举例

三、预制装配式墙面装饰

预制装配式装饰是将已制作好的装饰构件安装或嵌入墙体的一种装饰类型。这种装饰构件往往出现在墙体的某局部或重点位置作为点缀装饰，而不是大面积墙面的整体装饰。预制装配式装饰的最大特点是施工速度快，施工现场只需按照既定位置安装预制构件即可，不需要花费更多的时间，而且施工受季节的影响因素小。

预制装配式墙面装饰根据构件材料的不同有雕刻石装饰、铁质铜器装饰、木构装饰等三种类型。

1. 雕刻石装饰

砌筑墙体的同时，将雕刻好的石板嵌填在墙面的某个醒目位置或女儿墙的某个位置的装饰方法。此类装饰手法常见于宫殿、寺庙类建筑的外墙装饰。雕刻内容常见的有人物佛像、玛尼石刻、动物鸟兽等（图4-47，图4-49）。

图4-47 雕刻石、边坚装饰

2. 铁质铜器装饰

主要有安装在边玛草墙上的铁或铜制的"边坚"装饰构件。此类装饰手法常见于宫殿、寺庙类建筑。边坚雕刻的图案同雕刻石一样，常见的有佛像、符号以及动物鸟兽类（图4-47，图4-48）。

图4-48 边坚举例
来源：《西藏传统建筑导则》主编：徐宗威 中国建筑工业出版社

图4-49 雕刻石举例
来源：《西藏传统建筑导则》主编：徐宗威 中国建筑工业出版社

3. 木构装饰概述

木构件装饰也是属于墙体装饰的主要类型之一。常见的室外墙面木构装饰有木柱装饰、腰檐斗栱装饰以及与金顶飞檐结合的木构装饰等类型；室内木构装饰主要以雕刻木板为主。

（1）木柱装饰：是将制作好的木柱在边玛草墙下部，通过梁柱构件制作梁架而形成的一种装饰做法，这种装饰方法比较少见，最为典型的实例有西藏阿里地区普兰县科迦寺觉康殿的建筑外墙（图4-50）。

（2）腰檐斗栱装饰：当建筑主体墙段为红色或黄色时，为了与红色边玛草墙区分颜色，通常在边玛草墙与主体墙段中间留一段白色墙体，即"吉扎"。而吉扎与下部红色墙体之间一方面为了分隔更加明显，另一方面为了丰富立面效果，通常会做斗栱的腰檐装饰。这种做法既起到颜色的分界的作用，又起到良好的装饰作用；常见于宫殿、寺庙等外墙装饰（图4-51）。

（3）飞檐装饰：当屋面为金顶时，为了丰富建筑立面，沿着金顶往下墙面上制作重复的金顶，俗称飞檐，飞檐既是金顶的一部分，也是墙面装饰的一部分，飞檐一般与斗栱和鎏金铜皮或黄色铜皮组合而成，飞檐的层数可以是单层的也可以是多层的，如桑耶寺金顶飞檐是由四层构成的（图4-52）。

（4）雕刻木板装饰：常见于普通建筑室内装饰，雕刻题材有花卉植物、人物画

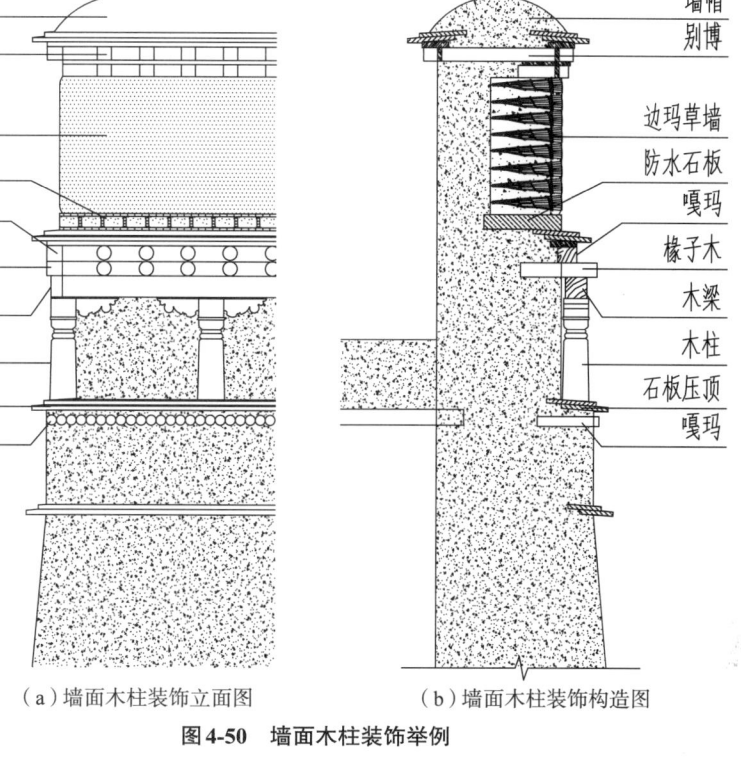

(a)墙面木柱装饰立面图　　(b)墙面木柱装饰构造图

图 4-50　墙面木柱装饰举例

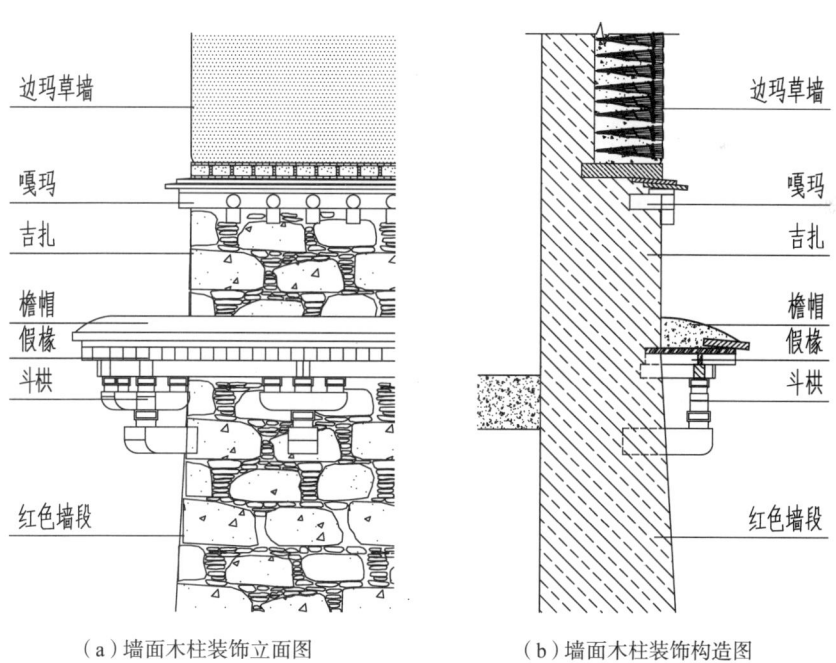

(a)墙面木柱装饰立面图　　(b)墙面木柱装饰构造图

图 4-51　腰檐斗栱装饰举例

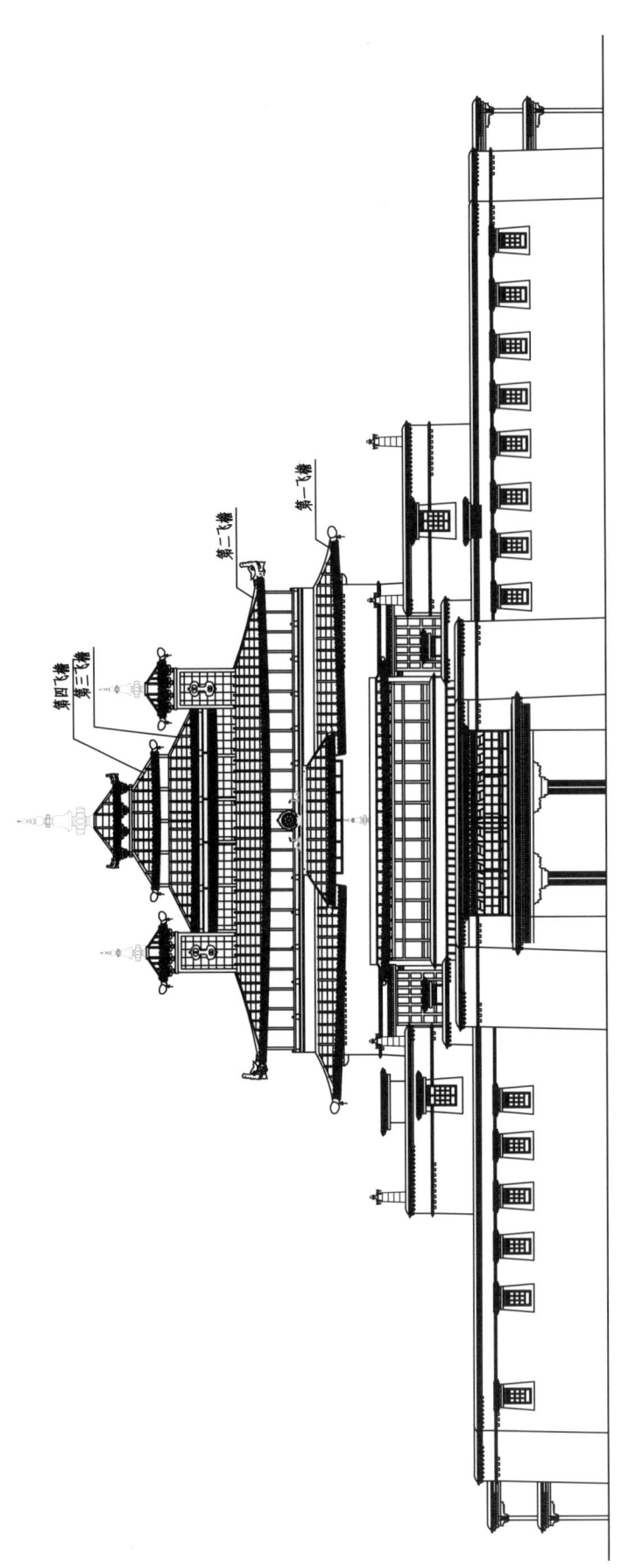

图4-52 桑耶寺邬孜大殿多层飞檐装饰

像、动物鸟兽等非常广泛，常见的构图或安装方法是在内墙顶部从上到下，按照椽子木、曲扎、边玛、雕刻板的顺序粘贴即可（图4-53）。

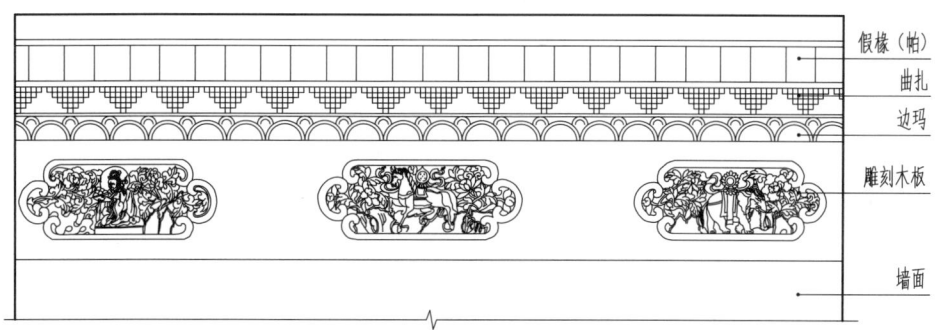

图4-53 内墙木制雕刻装饰举例

第九节 外墙色彩概述

传统藏式建筑常用石、土垒筑墙体，外墙或保持材料原色，或涂成白色、黄色、藏红色等（图4-54、图4-55）；外墙竖向颜色构图一般包括：两段式、三段式和多段式几种构图形式。

图4-54 桑耶寺

图4-55 强钦寺建筑

传统藏式建筑外墙主要以白色为主体色，结合少量藏红色、黑色等其他颜色。寺庙及宫殿建筑墙身采用白色、红色、黄色等，女儿墙一般采用藏红色。一般民居建筑墙身大多为白色，女儿墙根据当地习俗的不同选用灰色、黑色、蓝色、黄色、红色等。

总体来说，在建筑外墙色彩中，白、黄、红、黑四色为藏式传统建筑墙面色彩的主色调。其中白色和红色为最普遍的颜色，关于这两种颜色的来龙去脉问题，曲吉建才老师在《西藏民居》一书中表示其颜色是由藏族作为从游牧民族逐步定居下来之后，把牧民生活最基本的牛奶和牛肉的颜色逐步用在了建筑的外墙上。古代，牛奶泼洒山间石堆和湖边岩石的办法逐步用在建筑上；杀生祭血坟墓的办法逐步用在寺庙的护法墙上。白色象征和平、善良和吉祥等内容，而红色代表兴旺、振奋和权威等内容。

除了白色和黑色之外，根据各地区习俗的不同，墙面配色有所差异，概述如下：

一、黑白组合

藏族建筑体系中常出现黑白的色彩组合，大部分藏式建筑喜好用白墙和黑色的窗框或门框作搭配。日喀则等地的民居常常用白色墙身配上黑色檐口作为墙面的主色；山南桑耶寺等寺院甚至出现以黑色墙身和白色檐口作为色彩搭配的建筑。

藏式建筑外墙的涂白主要有两种方式：一种是将整个墙体整体涂成白色；另外一种则是将局部泼洒成白色。高大的墙面不易涂刷，工匠们便从建筑顶部和窗口向下泼倒粉刷浆。土坯和夯土墙有的不做粉刷，若做外粉刷，有的抹平，有的则徒手将黄泥涂抹成半圆形的图案，俗称"手抓纹墙"，然后进行喷洒白浆。

日喀则地区民居女儿墙位置，绝大多数以黑色进行涂饰，有的在檐饰木构件面板涂一条红色带，有的没有这种结构且只涂一条红色带。拉萨地区这种结构的民居，尤其是堆龙德庆县、尼木县、曲水县等靠近公路边上居民的女儿墙，就没有上下层次颜色的区别，都涂成红色带。甚至包括墙顶斜坡，也都涂成红色。而在山南琼结与乃东雅堆一带，将女儿墙涂成黑白相间的花色（图4-56、图4-57）。

图4-56 日喀则民居

图4-57 日喀则民居

二、红白组合

白色在藏式建筑中最为普遍，无论是宫殿、寺庙甚至大量民居都无处不用；而红色的用法则相对严格，一般不轻易使用。在寺院中，红色主要用于护法神殿、灵塔殿和个别重要殿堂。一般喇嘛的住宅禁止使用红色，只能采用黑色或白色。另外，红色边玛墙在女儿墙的使用，一定程度上标志着该建筑及其主人的等级和社会地位，多用于宫殿寺院的重要建筑以及经书藏量达到要求的建筑屋檐装饰，普通百姓家不得使用。

藏式建筑在色彩构图时，建筑上的红白色彩运用十分恰当，不同色彩按照一定的比例组合，色彩之间相互呼应，构成了整体上的和谐。比如在布达拉宫中有白宫和红宫之分，均以它自身的色彩而命名，红宫的色彩以红为主，白宫的色彩以白色为主，在整体上它们并没有孤立，红中有白，白中有红，在色彩上互相呼应（图4-58）。图4-58是布达拉宫当中的一面墙，在色彩构图上属竖向构图中的两段式构图，色彩以红白为主，白色占大面积，在墙面的檐部涂藏红色。为了达到色彩上的呼应，在红色区域中加以白色圆椽，既与下面的白墙相呼应，又有了主色和宾色之间的主从关系。

大面积洁白的建筑群体中，红色的灵塔殿、护法神殿级别地位更能突显出庄严。如，哲蚌寺乃琼护法神殿、桑耶寺护法神殿等众多寺庙的护法神殿外墙，大多被涂为红色。

图4-58　布达拉宫

■ 三、黄色

黄色只有在个别寺庙的殿堂以及修行室和高僧大德住处的外墙才会使用，也有些尼姑庙里个别殿堂也涂黄色墙。色彩搭配为：藏红色檐部，墙体土黄色、黑色窗套和门套。

■ 四、红白蓝组合

在藏区由于各地区地域和习俗不同，在墙面配色上有不同的做法。西藏多数地区主流外墙配色以白、黄、红为主色块，色彩鲜艳明快，粗犷大气。虽说在墙面配色上不同地区有不同的做法，但是变化不大，以竖向构图为基本构图形式。有部分地区的色彩构图主要为横向构图，如在日喀则萨迦地区以及萨迦派相关的建筑外墙使用酱红色、灰蓝色和白色三种颜色（图4-59、图4-61）。

阿里民居中也有：屋檐下方第一条为蓝色，第二条为红色，外墙为白色的构图（图4-60）。

图4-59　萨迦县民居

图4-60　阿里日土县民居

图4-61　萨迦县民居

五、其他颜色

在拉萨和山南地区也会见到有些地方的民居墙粉刷青绿色的做法。山南曲松县因为当地习俗的不同而出现个别村落建筑外墙为粉红色或奶黄色的现象。林周春堆乡的民居外墙以暗灰黄为主。昌都类乌齐查杰玛大殿外墙有用白、红、黑三色相间。

这些独具匠心的外墙涂色装饰，粗犷与华美相衬，不仅与当地习俗和民俗文化有关，且与当地资源有关。

总之，西藏宫殿和寺院建筑墙体用色端庄稳重，贵族宅院色彩华丽，在建筑群体之间，普通民居的色彩则相对简朴，有的呈现黑白对比效果，与周围自然环境融为一体。

实训六 墙体构造设计实训

【实训项目】

墙体构造设计实训

【设计要求、条件】

如右图所示,某建筑物石木结构,位于山地,山地坡度i=15%;建筑物高两层,底层为地垄墙,二层为普通功能房,每层高度详立面图。

该建筑物的墙体拟采用粗料石砌筑,试设计该墙体的构造。要求墙体带有适当的收分,并且最薄处墙体厚度不得小于500mm。

【实训成果】

实训成果包括图纸和文字说明两部分:

1.图纸内容

①墙身大样图(1:30)

②门、窗、女儿墙等处的节点大样图(1:5)

2.文字说明包括以下内容

①设计思路

②墙身、墙体转角、门窗洞口等处的墙体施工要求

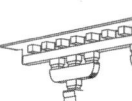

实训七 边玛草墙构造设计实训

【实训项目】

边玛草墙构造设计实训

【设计要求、条件】

某建筑物立面示意如图4-62,女儿墙总高度为1550mm;墙体厚度为500mm。该建筑物女儿墙拟采用边玛草墙砌筑,试设计该边玛草墙的构造。

【实训成果】

实训成果包括图纸和文字说明两部分:

1.图纸内容

①边玛草墙身大样图(1:20)

②边玛草墙转角位置构造图(1:20)

2.文字说明包括以下内容:

① 材料的选择、加工及要求
② 边玛草墙体砌筑工艺要求

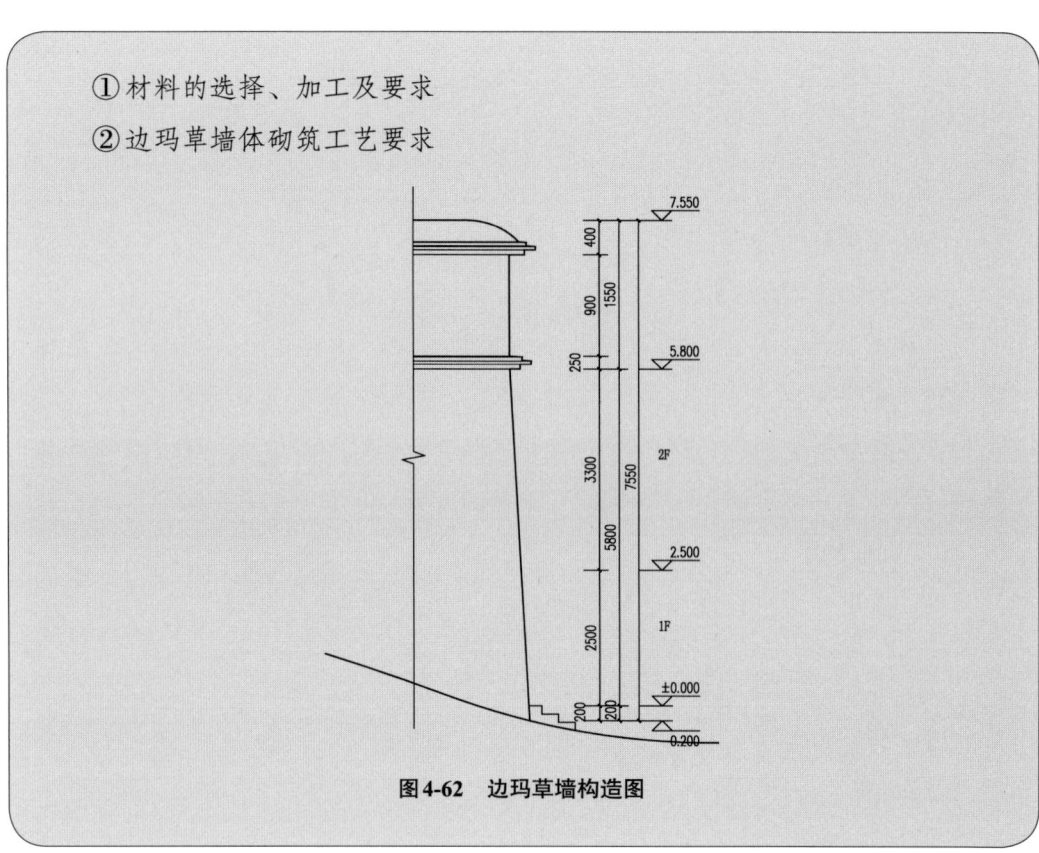

图 4-62 边玛草墙构造图

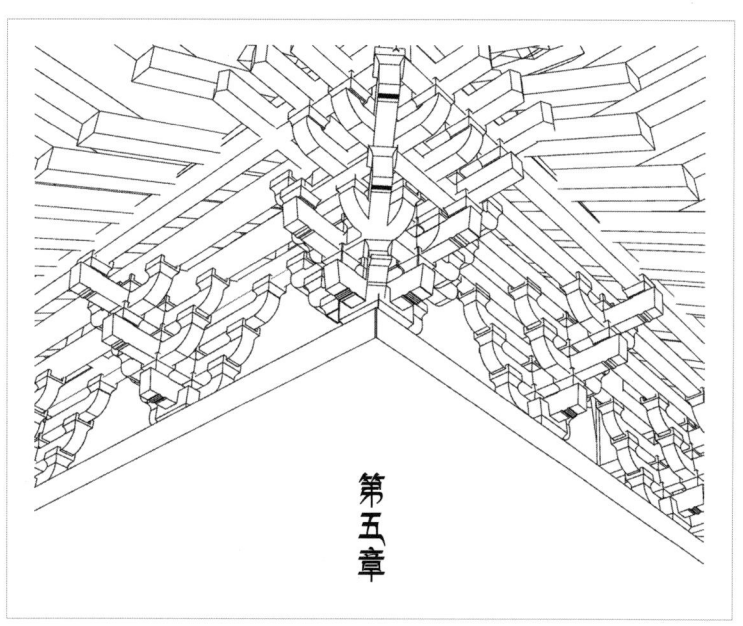

第五章 楼、屋盖

知识目标：了解不同类型楼、屋盖的构造方法；

　　　　　　了解屋盖各类装饰构件及使用。

能力目标：掌握阿嘎土楼、屋盖的构造方法并能够指导施工；

　　　　　　掌握平顶屋面防水构造并能够灵活应用；

　　　　　　掌握鎏金工艺及金顶屋盖铜皮安装工艺并能够指导施工。

楼、屋盖均为建筑物的承载构件，是横向空间的分隔和封闭构件，因此，都要满足使用功能的要求，但是由于楼面和屋盖所处位置的不同，构造要求又有所区别。

楼面是除建筑物底层的地坪层（地面）和顶层的屋盖层（屋盖）之外的，所有中间楼层的横向空间分隔构件。楼面位于建筑物室内，要满足人、家具等荷载的承载和传载以及楼层之间的隔声等功能。

屋盖位于建筑物最顶部，是分隔室内、外空间的横向构件和建筑物顶部的围护构件。屋盖裸露于建筑物室外，因此，要满足建筑艺术要求以及屋盖雨、雪等荷载的承载、传载，建筑物的保温、隔热，屋盖雨水的防水、排水等功能。

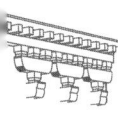

第一节　楼面

楼面和地面最大的区别在于地面的承载构件是大地，而楼面的承载构件主要是梁架椽木构件。它们的共同点是楼、地面均属于建筑物室内空间的组成部分，因此，具有相同的面层材料和相同的使用要求。

楼面按照面层材料和构造工艺的不同，常见的有素土楼面、阿嘎土楼面、木楼面三种类型。

一、素土楼面

以素土为面层材料夯筑的楼面称之为素土楼面，是传统藏式建筑最为普遍也是最为简单的楼面形式，广泛应用于民居、寺庙、宫殿等建筑。素土楼面的优点是工艺简便、造价低廉、施工速度快；缺点是室内舒适度差，不适合使用于寺庙、宫殿等建筑物的重要房间（图5-1）。

素土楼面构造及工艺：基层—垫层—面层（图5-1）。

1. 基层：由密铺的椽子木和望板组成楼面的基层构件。

椽子木：常用柳树、松木等木材制作；按照截面形状的不同，有圆椽和方椽两种类型。常见圆椽直径为110～150mm；常见方椽规格为100×120（mm）或150×170（mm）。安装时椽子木两端要安装在墙或梁上。当安装在墙上时，椽子木伸入墙内的长度不宜小于200mm，为了避免椽子木安装处的墙体因应力集中而出现开裂现象，可以使用50mm左右厚的通长垫木。

椽子木的铺设间距过大会影响楼面的承载能力，过小会浪费材料，因此，铺设间距要适当（具体间距视椽子木大小、跨度等综合考虑确定）。

望板：望板的作用是美化室内空间，同时防止楼板层内的碎石掉落。常见的有普通树枝密铺的栈棍和"丁支木"以及平铺的木望板等类型。栈棍直径约40～60mm左右，密铺即可；当采用望板时木板厚度不宜小于40mm左右，铺设要均匀，不得出现空缺现象。

2. 垫层：一般选用碎石或卵石铺设，作用是加强楼面的整体刚度，厚度约60～80mm左右；垫层应平整，不宜有大石块或明显的凸出物。

3. 面层：虚铺素土厚度不宜小于350mm，实铺厚度不宜小于250mm左右；铺筑时应洒水适量，并人工进行反复碾压、分层夯筑，直至楼面基本平整。

二、阿嘎土楼面

阿嘎土楼面所用材料同地面夯筑材料一样，要将阿嘎土分为粗、中、细三种类型。基本构造及工艺包括：基层—垫层—粗阿嘎—中阿嘎—细阿嘎—打磨—抹光、保养（图5-2）。

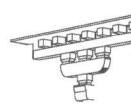

1. 基层：椽望基层，同素土楼面。
2. 垫层：包括碎石或卵石垫层和黄土垫层两个部分。

碎石或卵石垫层的作用是为面层阿嘎土的铺筑提供坚实的基础；黄土垫层的作用是平整基层。铺筑时首先选用粒径为55mm左右的碎石或卵石铺筑在椽望基层上，厚度约60mm左右，要求铺贴要基本平整，不宜有明显的凸出物，然后分层夯实黄土垫层，厚度不宜小于80mm。

3. 粗阿嘎：人工夯打粗阿嘎土直至夯打牢固，一般要夯打两天左右；粗阿嘎土夯打的时候夯打节奏不宜过快，夯打要均匀；夯打厚度50～100mm左右；

4.中阿嘎：人工夯打中阿嘎土直至夯实、楼面基本平整；中阿嘎土夯打一般需要三天左右的时间；

5.细阿嘎：细阿嘎土夯打初步平整后重复洒水、重复夯打直到地面完全平整有光泽，博朵底部不粘阿嘎泥土为止；细阿嘎土夯打一般需要三天左右的时间；

6.打磨：用鹅卵石人工打磨楼面，将打磨出来的阿嘎粉清理干净，直至阿嘎土颗粒纹理清晰；

7.抹光、保养：用清油等侵蚀的抹布重复擦拭阿嘎土面层，直至阿嘎土表面光亮，算是完成阿嘎土的夯打工作，但是在使用过程中阿嘎土要保持干燥。

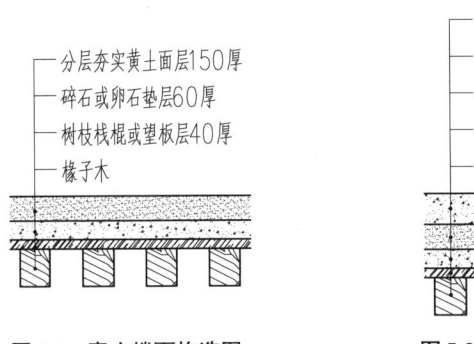

图5-1 素土楼面构造图　　图5-2 阿嘎土楼面构造图

三、木楼面

木楼面具有良好的保温、弹性等性能，而且可以创造良好的室内环境。因此，也是属于藏式建筑比较常见的楼面类型之一，其构造方法基本同地面构造方法相同。

木楼面按照构造做法不同，有粘贴式木楼面和实铺式木楼面两种类型（图5-3，图5-4）。

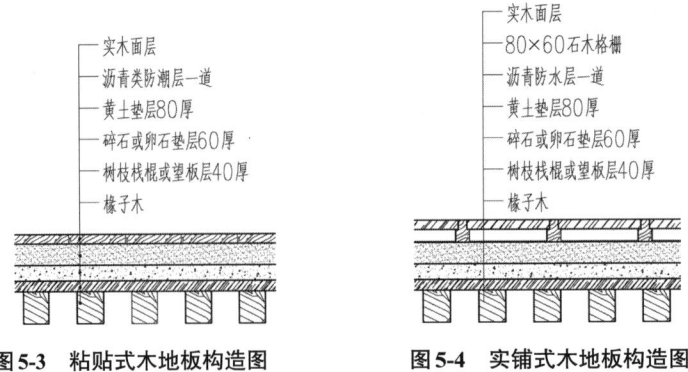

图5-3 粘贴式木地板构造图　　图5-4 实铺式木地板构造图

1.粘贴式木楼面

面层木板直接安装在基层或垫层上的构造称之为粘贴式木楼面。粘贴式木楼面具有构造简单，造价低廉的优点。制作时为了防止木板面层与基层或垫层之间受潮，宜做防水防潮措施。构造及工艺包括：基层—垫层—面层。

（1）基层：椽望基层，同素土楼面。

（2）垫层：碎石、卵石及黄土垫层，同阿嘎土楼面。

（3）面层：铺设木板面层，企口连接。当室内环境潮湿时，面层与垫层之间宜铺设一道防潮材料。

2.实铺式木楼面

垫层与面层之间采用格栅架空的构造方法称之为实铺式木楼面。实铺式木楼面能够有效防止木板受潮腐蚀的问题，但是构造复杂、成本较高。具体构造包括：基层—垫层—格栅层—面层。

（1）基层：椽望基层，同阿嘎土楼面。

（2）垫层：碎石、卵石及黄土垫层，同阿嘎土楼面。

（3）格栅层：实木格栅，格栅间距400～800mm，格栅形状为凸字形，以便在格栅木"肩膀"位置安装木板面层。

（4）面层：凸字形格栅两边肩部木钉固定面层木板。面层木板尺寸一般为250mm×500mm，长度要与格栅间距相同，厚度一般为30～50mm左右。

第二节　屋盖

一、屋盖类别及构造要求

1.平屋盖类别

（1）按照构造类别及外观形制的不同划分

有平屋盖、平顶上的坡屋盖、坡屋盖等三种类型（图5-5）。其中，平屋盖按照构造方法的不同，又可以划分为平顶女儿墙屋盖和平顶挑檐（擎檐柱）屋盖两种类型。

1）平屋盖：是传统藏式建筑出现最早、应用最广泛的屋盖类型，广泛分布于各个地方；适用于宫殿建筑、寺庙建筑、园林建筑、宗堡建筑、庄园建筑、民居建筑等，涵盖了整个藏式建筑，成为最主要的屋盖类型。

平屋盖的优点是构造简单，施工方便，室内可以创造完整的空间，而且可以根据功能布局、采光、通风等需求灵活处理构造方法。缺点是屋面雨水的排水速度慢，在暴雨、暴雪等天气时屋面容易积水、渗水，导致屋面木构件的腐蚀、墙面的冲刷等现象。因此，在年降雨量大的喜马拉雅山一带地区不适合修建平顶建筑。

2）平顶上的坡屋盖：以平顶屋盖为结构屋盖，在其上部，按照使用功能或者

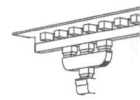

外观造型的需求，加盖一层坡顶屋盖的构造类型统称为平顶上的坡顶屋盖。常见于宫殿、寺庙类建筑以及年降雨量大的地区的民居建筑。

3）坡屋盖：椽望基层构件斜向呈一定角度布置，使建筑主体承重屋盖带有一定坡度的屋盖类型称之为坡屋盖。坡屋盖属于传统藏式建筑相对比较少见的一种屋盖类型，最为典型的实例有夏鲁寺主殿。

（2）按照屋盖面层材料的不同划分

有素土屋盖、阿嘎土屋盖、木板屋盖、石板屋盖、金属屋盖、琉璃瓦屋盖等类型。

（a）平顶女儿墙屋盖

（b）平顶挑檐屋盖

（c）木板坡屋盖

（d）金顶屋盖

（e）夏鲁寺坡顶瓦屋盖

图5-5 不同类型屋盖

2.屋盖构造要求

屋盖作为建筑物的重要围护构件，不仅要满足遮风挡雨和荷载的承、传载功能，而且要满足保温隔热、防水、排水等功能。另外，屋盖作为外露构件，还需要满足建筑装饰和艺术的要求，具体如下。

（1）防水要求

屋盖作为围护结构，最基本的功能是防止雨水的渗漏，因此，屋盖构造的主要任务是解决防水的问题，同时根据情况要采取适当的排水措施，将屋盖积水迅速排掉，以减少渗漏的可能。

屋盖的防水是一项综合性技术，它涉及屋盖类别、构造处理等问题，需要综合加以考虑。应遵循"合理设防、防排结合、因地制宜、综合治理"的原则。

（2）建筑艺术要求

屋盖是建筑外部形体的重要组成部分，其形式对建筑物的性格特征具有很大的影响。传统藏式建筑屋盖平、坡结合，造型优美，具有浓郁的地域特征，国内外也有很多著名的建筑，由于重视了屋盖的建筑艺术处理而使建筑各具特色。

(3)保温隔热要求

青藏高原,白天日照充足,温度较高,晚上气温降低室内需要采暖,因此,屋盖需要具备良好的保温隔热功能以创造舒适的室内环境。

(4)结构要求

屋盖要承受风、雨、雪等荷载及其自重,如果是上人的屋盖,和楼板一样,还要承受人和家具等活荷载。屋盖将这些荷载传递给墙、柱等构件,与他们共同构成建筑的受力骨架,因此,屋盖也是承重构件,应有足够的强度和刚度,以保证房屋的结构安全。

二、平屋盖构造

1.平屋盖构造

平屋盖基本构造组成包括椽望基层—碎石或卵石类垫层—面层材料三个部分(图5-6)。按照面层材料的不同,有素土屋盖和阿嘎土屋盖两种类型。

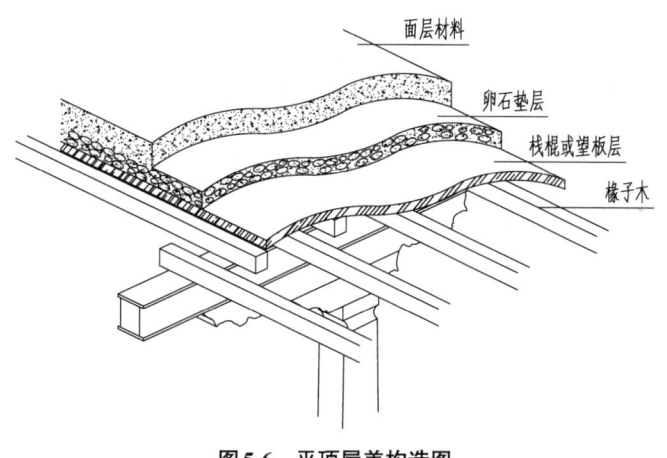

图5-6 平顶屋盖构造图

(1)素土屋盖

素土屋盖同素土楼面一样,具有相同的基层,因此,它们的基本构造层次是相同的,但是屋盖层因为有防、排水的要求,所以面层素土的厚度以及夯筑工艺稍有差别。具体构造包括:基层—垫层—面层(图5-7)。

①基层:椽望构件,同素土楼面。

②垫层:碎石或卵石垫层,同素土楼面。

③面层:虚铺素土厚度不宜小于350mm,实铺厚度不宜小于250mm左右,铺筑时应洒水适量,并人工进行反复碾压、分层夯实,同时要沿着水流方向做好排水坡度,坡度大小一般控制在2%~5%之间,常见坡度要大于3%。

（2）阿嘎土屋盖

阿嘎土屋盖的构造方法同楼、地面屋盖的构造方法相同，但是因为屋盖的防、排水要求更高，所以在材料的选择、夯筑工艺上需要更加细致。另外，在夯筑屋盖时，要沿着水流方向做好排水坡度。基本构造包括：基层—粗阿嘎—中阿嘎—细阿嘎—打磨（图5-8）。

①基层：椽望基层，同阿嘎楼面；

②垫层：包括碎石或卵石垫层和黄土垫层两个部分。其中，黄土垫层夯筑时，要做好适当的排水坡度；

③粗阿嘎：人工夯打粗阿嘎土直至夯打牢固，一般要夯打两天左右；粗阿嘎土夯打的时候夯打节奏不宜过快，夯打要均匀，夯打厚度50～150mm左右；

④中阿嘎：人工夯打中阿嘎土直至夯实；中阿嘎夯打一般需要三天左右的时间；

⑤细阿嘎：细阿嘎土夯打初步平整后重复洒水、重复夯打直到屋盖平整有光泽，博朵底部不粘阿嘎泥土为止；细阿嘎土夯打一般需要三天左右的时间；

⑥打磨：用鹅卵石人工打磨地面，将打磨出来的阿嘎粉清理干净，直至阿嘎土颗粒纹理清晰；

⑦抹光、保养：用清油等侵蚀的抹布重复擦拭阿嘎土面层，直至阿嘎土表面光亮，算是完成阿嘎土的夯打工作。

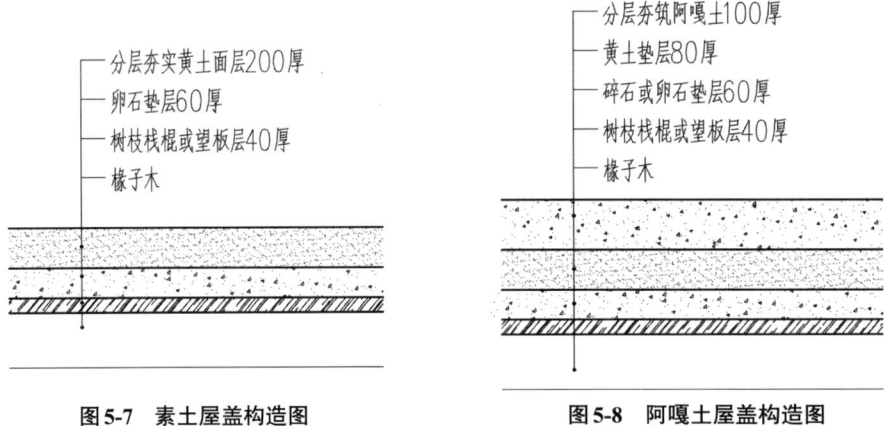

图5-7　素土屋盖构造图　　　　图5-8　阿嘎土屋盖构造图

2.平屋盖排水

屋盖的排水工作是最基础也是最重要的工作，合理做好排水工作能够延长建筑物的使用寿命，有效保护建筑物。

（1）排水坡度的表示方法

排水坡度是沿着排水方向做的流水坡度。常见排水坡度的表示方法有角度法、斜率法、百分比法三种。

①角度法

角度法是屋盖与水平面形成的夹角来表示坡度的方法；通常用于表示坡屋盖的

坡度，表示方法为a=30°、a=25°等（图5-9a）。

②斜率法

斜率法是屋盖高度与坡面的水平长度之比来表示坡度的方法，即H:L=1:3、1:20等。斜率法可以用作坡屋盖也可以用于平屋盖（图5-9b）。

③百分比法

百分比法是屋盖的高度与坡面水平投影比值用百分比来表达坡度的方法，表达方法为i=2%、i=3%等，主要用于平屋顶的屋盖坡度（图5-9c）。

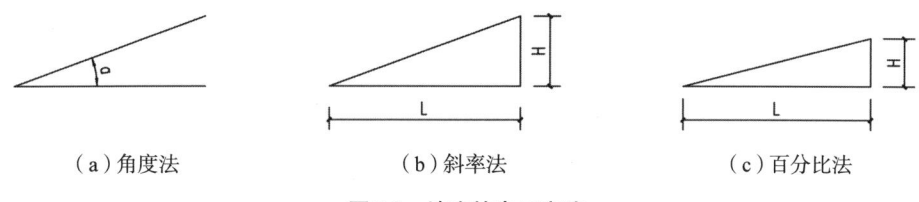

(a) 角度法　　　　　　(b) 斜率法　　　　　　(c) 百分比法

图5-9　坡度的表示方法

（2）屋盖排水构件

传统藏式建筑常见排水构件有木制出水槽和铜皮落水管以及其他构配件等。

①木制出水槽：是将半圆木内侧切割成"v"形的排水构件，此类出水槽常用于普通的、高度较低的建筑物（图5-10a）。

②铜皮落水管：是宫殿、寺庙类建筑常用的落水管形式，铜皮落水管的组成构件有引水槽、水落斗、落水管三部分，分件制作后焊接或卡口连接而成。引水槽按照形制的不同有圆形和方形两种。落水管的直径一般为150～200mm左右（图5-10b，图5-10c）。

③其他构配件：有接水斗和穿墙出水管处的墙洞封口构件。接水斗一般为花岗石等石材类制作，使用于高低屋面处落水管的接水，起到保护低处屋面的作用（图5-10d）；墙洞封口构件一般为木制，使用于出水槽穿墙处的墙体加固和装饰，常见形状有三角形和方形两种。

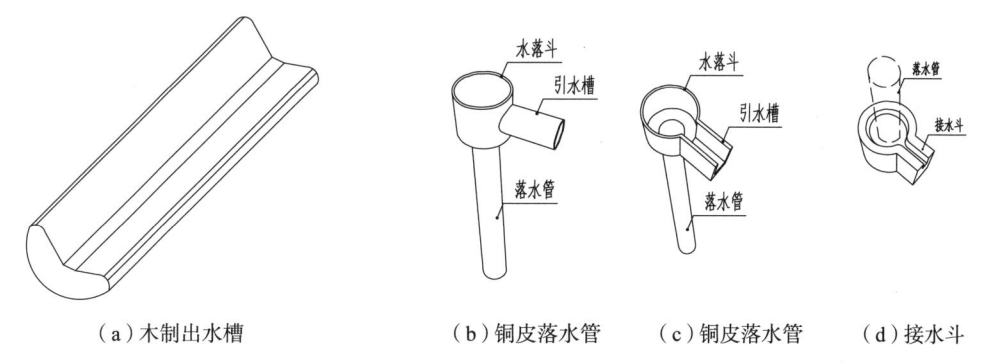

(a) 木制出水槽　　　(b) 铜皮落水管　　　(c) 铜皮落水管　　　(d) 接水斗

图5-10　常见排水构件示意图

（3）平屋盖排水方法

传统藏式建筑平屋盖排水方法是通过垫层或屋盖面层材料的找坡，将屋盖雨水有组织地经过落水管，然后排至室外地面。排水坡度的大小要结合年降雨量、屋盖排水路线的长短等综合考虑，一般排水坡度宜为2%～5%之间，当年降雨量大时可以选择较大的坡度以便迅速排水；当屋盖排水路线较长时如果坡度过大会增加屋盖重量，这时可以选择较小的坡度或采取双面、多面的排水措施。具体应注意做好以下工作：

①屋盖流水线路要短捷。当屋面宽度较小，流水线路较短时可以采用单面找坡的方法（图5-11a）；当屋面宽度较宽时，为了能够合理地缩短流水线路，减小屋盖某一个区域的集中负荷，可以将屋盖分成若干个排水区域，常见的做法是将屋盖前后或左右两个方向找坡，形成双面找坡（图5-11b）。

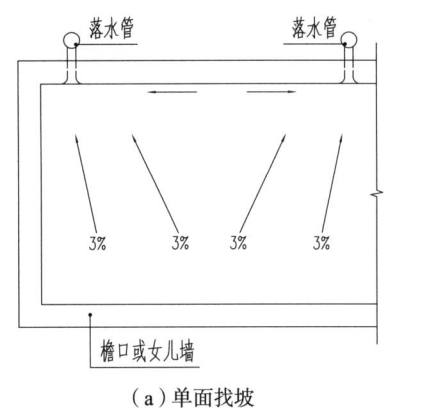

（a）单面找坡　　　　　　　　　　（b）双面找坡

图5-11　屋盖找坡

②落水口的负荷要适当且均匀布置，当屋面有高差，且高出部分面积较大时，应做成独立的排水系统，将高出部分屋面的雨水直接排至地面；当高出部分屋面面积较小时，将高出部分屋面雨水可以排至低屋面，这时在低屋面正对落水管处应做接水处理来保护低处的屋面。常见的做法是在落水管正对下方垫一层滴水垫板或者放置专用接水斗（图5-15，图5-16）。

③水落管的形制根据建筑类型、建筑高低等情况可以选择木制类的出水槽或铜质类的落水管。当建筑物高度较高时，如果选择出水槽排水，容易将出水槽的雨水在风的吹动下溅射至墙体表面，导致墙体的受潮、抹灰的脱落等问题，因此，一般两层或超过两层的建筑物宜选择落水管排水（图5-12，图5-13）。

④当屋盖为平顶挑檐时落水管应固定在墙帽下部，用黄土、石板等压实固定。当采用出水槽时，出水槽伸出外墙长度不宜小于200mm以上，以防出水槽的雨水溅射墙面（图5-14）。

3.平屋盖防水构造

（1）防水构造

传统的素土屋盖和阿嘎土屋盖在暴雨天气或昼夜温差大的青藏高原气候环境下，因为暴雨的冲刷以及材料的热胀冷缩，容易出现开裂现象，从而导致雨水的渗

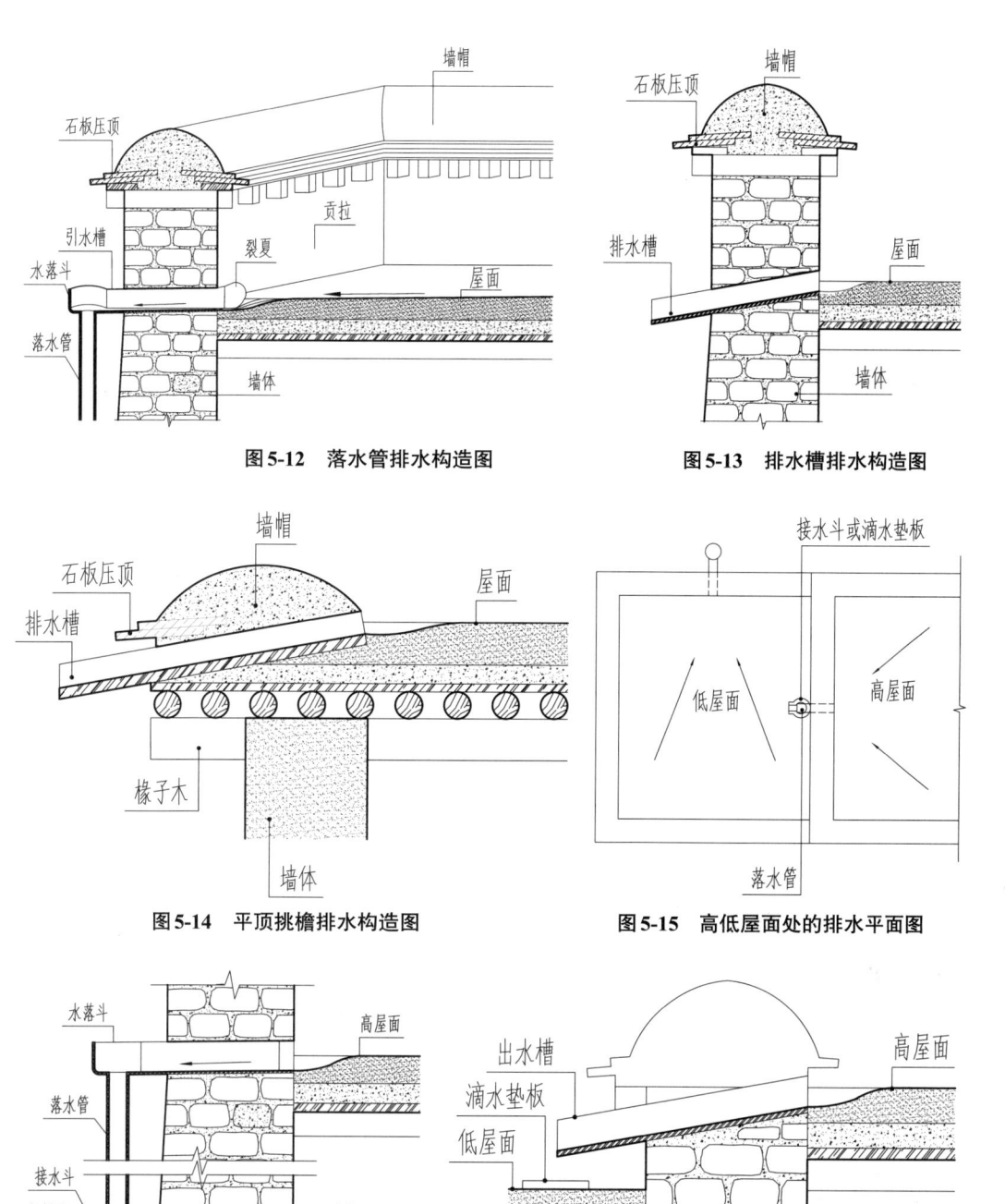

图5-12 落水管排水构造图　　图5-13 排水槽排水构造图

图5-14 平顶挑檐排水构造图　　图5-15 高低屋面处的排水平面图

图5-16 高低屋面处的排水构造

透，屋盖基层木构件的受潮腐蚀，内墙壁画的冲刷等现象，影响房屋的正常使用和耐久性，但是在传统的工艺里没有防水层的构造设计，基于这些因素，近代对素土屋盖和阿嘎土屋盖的防水构造进行了改良设计，出现了抗渗处理的改性黄泥屋盖、改性阿嘎土屋盖等新型防水做法，在一定程度上优化了屋盖的防水作用，但是也未取得完全的成功。本书以大昭寺、小昭寺、布达拉宫、哲蚌寺、色拉寺等维修工作中采用抗渗处理的阿嘎土屋盖为例,介绍平屋盖的防水构造做法,供参考和学习(图5-17)。

1)准备工具:扫把、剪刀、开刀、刷子、塑料桶、搅拌器等。

2)防水材料:耐碱网、柔性防水涂料。

3)构造及工艺:基层—垫层—找坡层—找平层—防水层—隔离层—面层。

①基层:椽望构件,同素土楼面。

②垫层:碎石或卵石垫层,厚度60mm左右;垫层应平整,不宜有大石块或明显的凸出物。

③找坡层:黄土找坡层,最厚处厚度不宜大于40mm左右,并做好排水坡度,坡度大小3%~5%。

④找平层:1:3水泥砂浆找平层,20mm厚。

⑤防水层:防水材料波士胶双组份柔性防水涂料称为A组乳液、B组粉剂;耐碱网(网格:5×5或6×6)宽度1米。

先将粉剂+乳液开始搅拌,搅拌至黏稠状后在屋盖上涂刷防水涂料一层(乳液),不能有漏刷处,待干后铺第一道耐碱网,耐碱网间搭接50mm,再涂刷二遍乳液,待干后铺第二道耐碱网,直至刷好为止。注意涂刷第二遍涂料层时,应确保第一遍涂料层已固化1~2小时。涂刷乳液三遍。每遍涂料均应确保前一遍涂料层已固化1~2小时,再施工。防水涂料总厚度不小于5mm;涂料中不得加水,施工时温度应在5℃以上。

⑥隔离层:黏土砂浆隔离层,厚40mm。作用是面层阿嘎土和防水层隔开,以防在温差变化时因为阿嘎土形变而导致防水层开裂。

⑦面层:按传统工艺夯筑阿嘎土,厚度100mm。

(2)平屋盖细部防水构造

屋盖的防水工作是一个整体的封闭作业,如果在屋盖的哪个转角或薄弱位置,出现防水层不牢固的现象,可能会渗水导致整个屋盖防水层的瘫痪。因此,对这些容易出现问题的位置做好防水层的加强和固定工作是至关重要的。

1)泛水构造

泛水是指屋盖与垂直墙面相交处的防水处理。传统藏式建筑的女儿墙、局部凸出屋面的墙体等,只要与屋盖相交的部位,均需要做泛水处理,以防交接处出现漏水现象。

泛水构造要点及做法如下:

①屋面的防水层继续铺或涂至垂直墙面上,高度不宜小于250mm(图5-18);

②在屋盖与女儿墙交界处的砂浆应抹成45°斜面,上涂或粘贴防水层;当为卷材防水层时要避免卷材架空或折断,并在转角位置防水应加强,需要铺设附加防水

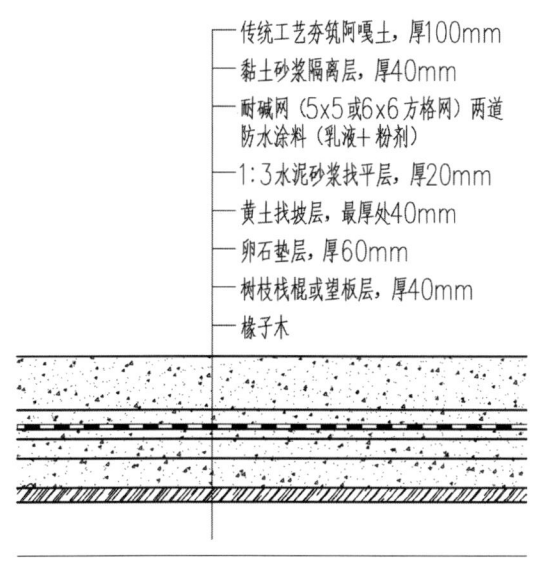

图5-17 阿嘎土屋盖防水构造图　　　图5-18 屋面泛水构造图

层，附加防水层的搭接长度不宜小于250mm；

③做好泛水上口的防水层收头工作，防止防水层在垂直墙面上下滑。当为卷材类防水材料时，在垂直墙面上凿出通长凹槽，将卷材压入凹槽内，用泥浆封闭；当为涂料类防水材料时，要在涂刷端部用黏土层覆盖，做好封闭工作。

2）水落口及檐口防水构造

水落口及檐口处的防水构造要点是做好防水材料的收头工作，使屋盖四周的防水材料封闭，避免雨水的渗入。具体方法如下：

①檐口处的防水材料收头方法通常是将防水材料伸入至墙帽下部，用石板、黄泥等压实牢固即可（图5-20）。

②水落口处，为了防止四周漏水导致墙、屋内渗入，应将防水材料铺贴至引水槽或出水槽内，同时用油膏类材料嵌缝密实。防水材料伸入长度不宜小于80mm（图5-19）。

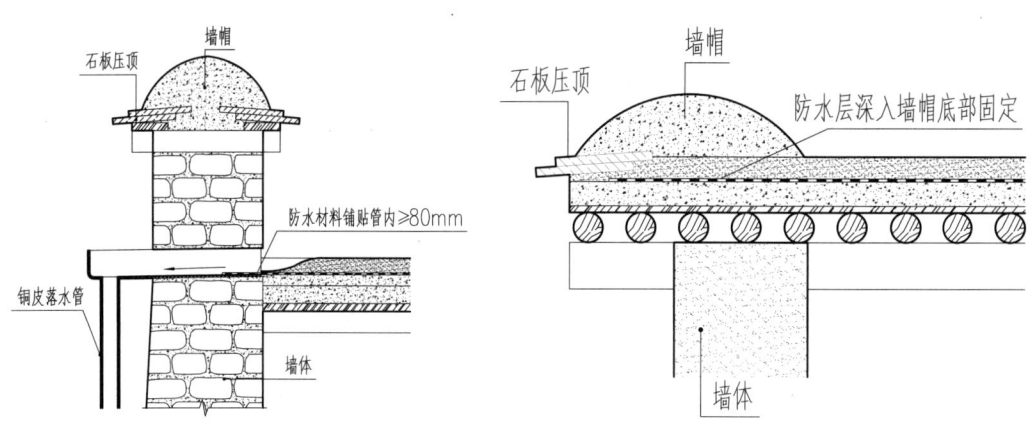

图5-19 水落口防水构造图　　　图5-20 檐口防水构造图

三、平顶上的坡屋盖构造

平顶上的坡屋盖按照面层材料或构造类别的不同,划分为木板或石板类的坡屋盖和金顶屋盖两种类型。

1. 木板或石板坡屋盖

木板或石板类的坡屋盖常见于林芝、亚东、香格里拉等雨水量大的地方,其作用是迅速排走屋盖雨水。这种屋盖具有构造简单、造价低廉、施工方便的优点,而且可以根据屋盖长度和宽度的不同,灵活设计成人字形的双破屋盖、四坡屋盖等类型,但是当屋盖面层使用木板时,木材需求量大,大量的伐木不利于环境保护(图5-21,图5-22)。

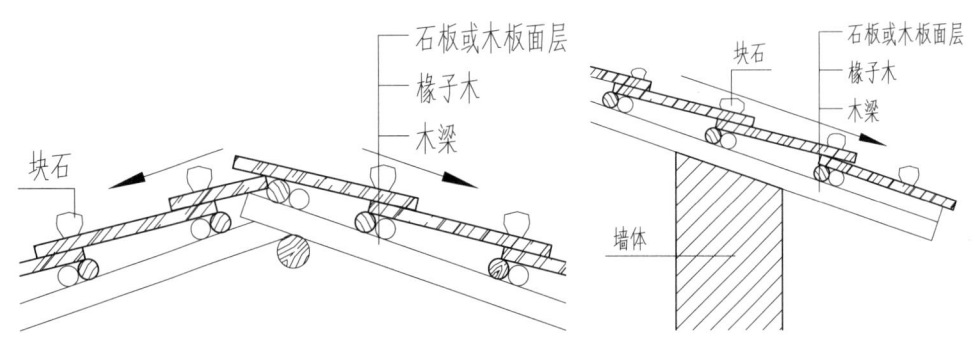

图5-21 石板或木板坡屋盖屋脊构造图　　图5-22 石板或木板坡屋盖檐口构造图

(1)木板或石板类坡屋盖构造要点:

①屋盖坡度要适中,坡度过大会出现面层石板或木板滑落现象,坡度大小一般控制在20°～30°左右。

②屋盖石板或木板面层,按照流水方向搭接布置;屋脊处的面板要交叉安装,并且一端面板应往外伸出一定距离,以便更好地封堵屋脊处的空隙,阻止雨水的渗透。

③当面板为木板时,为了防止出现风吹刮走的现象,可以用数块石板来压实木板。

(2)木板或石板坡屋盖排水

按照传统的做法,屋盖雨水按照屋面坡度自由落入地面,没有经过专门的流水组织,所以称之为无组织排水。

无组织排水的优点是构造简单,造价低廉;缺点是自由落下的雨水会溅湿墙面,而且在冬季下雪天时,早上和晚上气温低的时候容易在檐口位置结冰,白天天气暖和了会掉落冰块,存在一定的安全隐患。因此,现阶段常见的做法是在檐口位置安装PVC或镀锌铁皮或铁制的檐沟和落水管,将屋面雨水有组织地从檐沟排至地面(图5-23)。

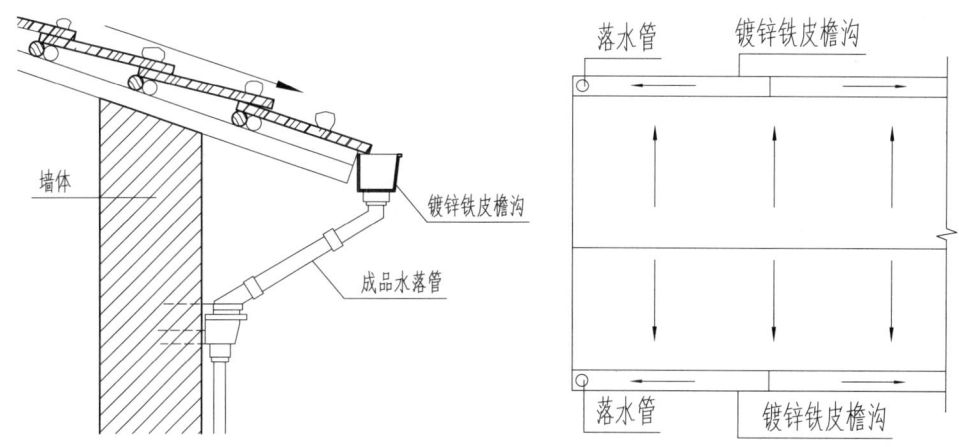

图 5-23 坡屋盖檐沟排水

2.金顶

金顶是加盖在宫殿、寺院等重要建筑屋顶和佛塔顶部的，以特制鎏金铜皮为面层的一种屋盖。金顶没有很强的使用功能，主要是一种装饰构件；具有装饰华丽，长久耐用的优点，但是铜皮面饰纯金，造价昂贵，而且工艺繁杂，需要耗费大量的人力和物力，因此，只有在财力雄厚的宫殿、寺庙等建筑才会使用金顶装饰，一般的民居和普通建筑不会使用金顶装饰。

（1）金顶类别

按照外观形制的不同，有长方形金顶、方形金顶、圆形金顶等类型。

1）长方形金顶

长方形金顶（藏语名ཐྱ་ཡིགས་གུ་བཞི་ནར་མོ）其实为歇山式金顶，其平面轮廓大多为长方形，因此，在卫藏地区称其为长方形金顶。长方形金顶屋面由四个方向的坡面组成，是传统藏式建筑使用最广泛的金顶类型，普遍使用于宫殿以及重要的寺庙建筑屋盖装饰。

长方形金顶按照外观形制的不同，又分为有单檐长方形金顶和重檐长方形金顶两种。

单檐长方形金顶是没有飞檐装饰，只有基本屋顶的金顶。如甘丹寺措勤大殿金顶装饰，属单檐长方形金顶（图5-24）。

重檐就是在基本长方形金顶的下方，再加上一层屋檐的金顶类型。如扎什伦布寺强康佛殿，属重檐金顶。

2）正方形金顶

正方形金顶是金顶屋檐和金顶顶部平面轮廓为正方形或近似正方形的金顶。正方形金顶由四个方向大小、形状相同的坡面组成；按照外观形制的不同分为单檐方形金顶和多檐方形金顶两种。

单檐正方形金顶常见于寺庙建筑四角小配楼的屋顶以及园林建筑的屋顶装饰。

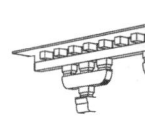

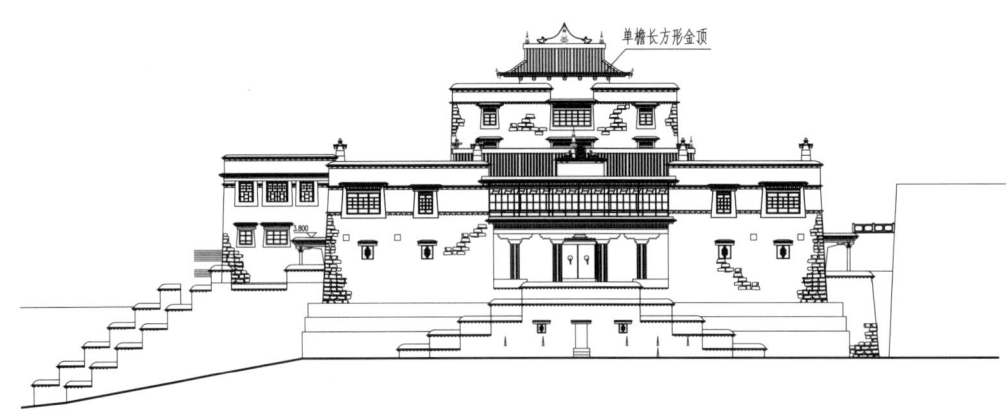

图5-24 甘丹寺措勤大殿单檐歇山金顶装饰

如桑耶寺、喇嘛林寺的四角小配楼以及罗布林卡措吉坡章的金顶等，均属于单檐正方形金顶。

多檐正方形金顶在传统藏式建筑中使用的案例不多，最典型的是桑耶寺邬孜大殿，总共由四层飞檐组成多檐正方形金顶（图5-26）。

3）圆形金顶

圆形金顶其实为多边形金顶，因平面轮廓近似圆形，因此在卫藏地区习惯性地称其为圆形金顶。圆形金顶在传统藏式建筑中的应用不是很广泛，但是在宫殿、寺庙等建筑中也有使用圆形金顶的实例。

圆形金顶按照边数的不同，常见的有六角圆形金顶和八角圆形金顶两种。

六角圆形金顶是平面轮廓为六个角的六边形金顶，如布达拉宫帕巴拉康金顶属六角单檐金顶（图5-25a）。

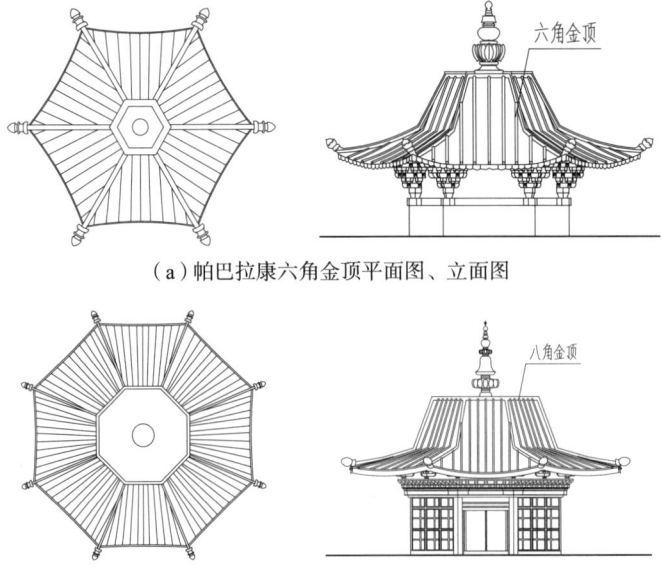

（a）帕巴拉康六角金顶平面图、立面图

（b）喇嘛林寺八角金顶平面图、立面图

图5-25 圆形金顶举例

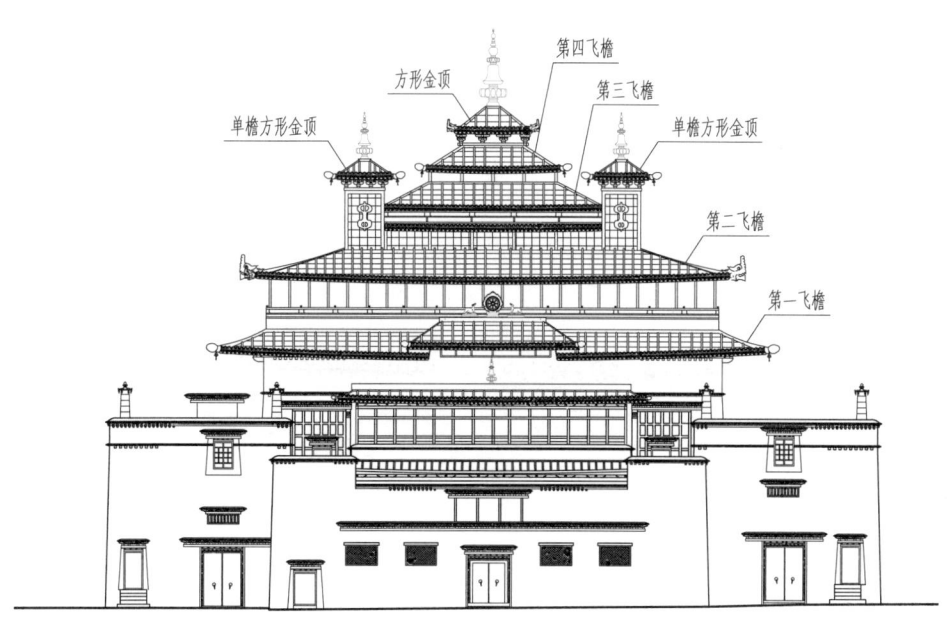

图5-26 桑耶寺邬孜大殿多檐方形金顶

八角圆形金顶是平面轮廓为八个角的八边形金顶，如喇嘛林寺主殿金顶属于八角多檐金顶（图5-25b）。

（2）金顶构造及各部位名称

藏式建筑金顶的基本构造组成包括基层梁架构件、鎏金铜皮面层以及檐口封板、铜制檐沟、落水管、装饰构配件等。以长方形（歇山）金顶为例，构造及各部位名称如图5-27所示。

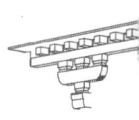

（3）铜皮安装构造

铜皮铺贴工作常见的做法是将铜皮切割成片状之后铺贴在基层望板上，用铁钉、阳撑木等进行固定。片状铜皮常见尺寸有：长度550～600mm左右；宽度350～450mm左右。铺贴时必须要保证金顶所有面上的铜皮都处于完全封闭状态，如果在局部位置，出现铜皮折断或敞开现象，会影响屋面防水，导致雨水渗透至基层木构件而影响金顶的耐久使用。具体应注意以下几点：

1）椽子举折处铜皮必须要保证基本平直，如果折段过大，铺贴不会牢固，而且可能会在折断处出现开裂现象，因此，在屋盖椽子有举折的位置要把基层望板铺设成斜向，将折面变为平面，然后铺贴铜皮面层（图5-28）。

2）阴、阳支撑处的铜皮要从两边往阳撑上翻，上翻高度一般不宜小于20mm，然后用铜皮封板将阳撑木构件和两侧上翻的铜皮完全套住，并用钉子做好固定工作（图5-29）。

3）屋脊处，要把坡面铜皮铺贴至上脊梁（搭架董玛）下部，然后用铜皮封板套住脊梁并与两侧坡面向上的铜皮形成一定长度的搭接，保证屋脊处的铜皮完全封闭（图5-30）。

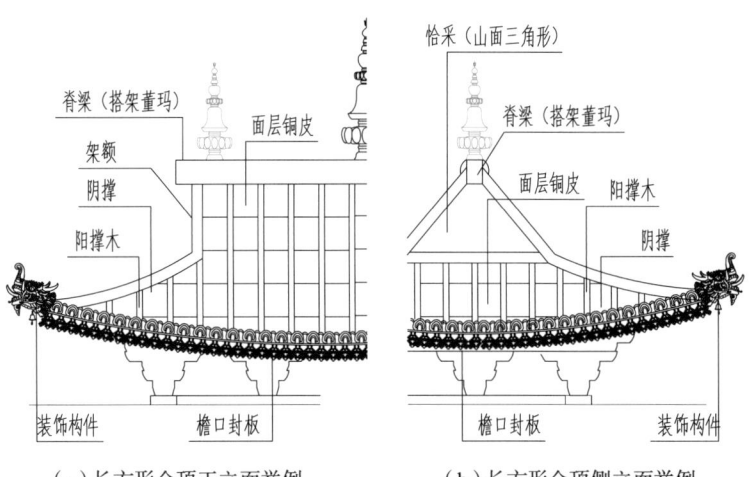

(a)长方形金顶正立面举例　　(b)长方形金顶侧立面举例

(c)长方形金顶轴侧示意图　　(d)长方形金顶平面图

图5-27　长方形金顶构造图

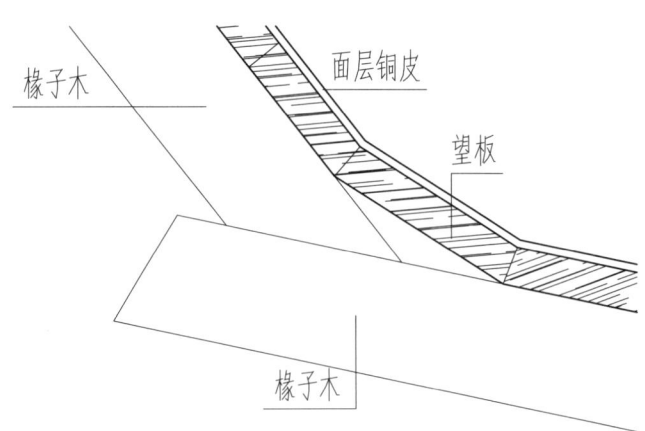

图5-28　椽子举折处的铜皮安装构造图

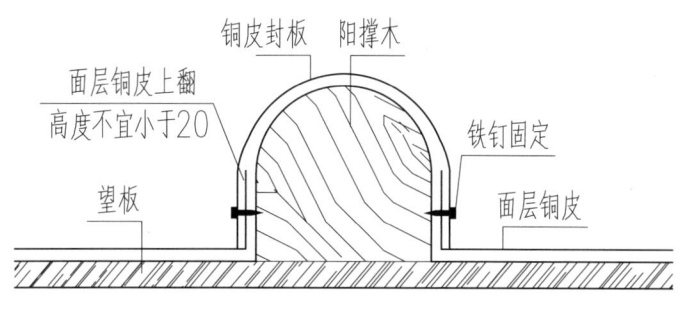

图5-29 阴、阳支撑处的铜皮安装　　图5-30 屋脊处铜皮收头构造图

（4）金顶屋盖排水及构造

金顶屋盖常见排水方法是，沿着金顶屋檐四周安装铁或铜制的檐沟和落水管进行有组织排水。排水系统以独立面为一个系统，即长方形和方形金顶共四个面，分别设计成四个独立的排水系统；六角和八角金顶分别在六个面和八个面做独立的排水系统。这种方法有利于减小落水管处雨水的集中负荷，方便快速排水。

排水构件的安装工艺及构造要点如下：

1）檐沟的固定：檐沟内侧，与屋檐接触处一侧的铁或铜皮应铺贴至屋盖望板上部150mm左右，并与金顶坡面向下的铜皮做好搭接，用铁钉或螺栓固定在椽望木板上；檐沟外侧铁或铜皮要上翻并与望板或阳撑木之间采用钢板连接（图5-32）。檐沟纵向要做排水坡度，一般从两侧往中心方向找坡。坡度一般为2%左右（图5-31）。

2）落水管的安装：在有落水管处檐沟要开洞，洞口大小与落水管的直径相同，然后在洞口内套穿落水管，交接处需要做好落水管的固定工作（图5-32）。

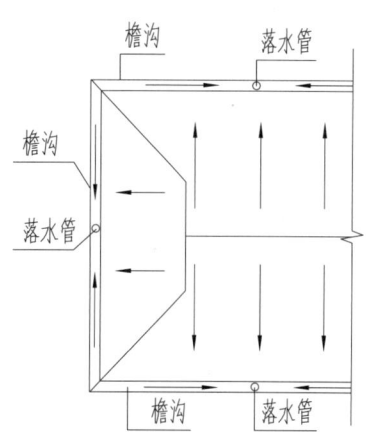

图5-31 金顶屋盖排水平面图

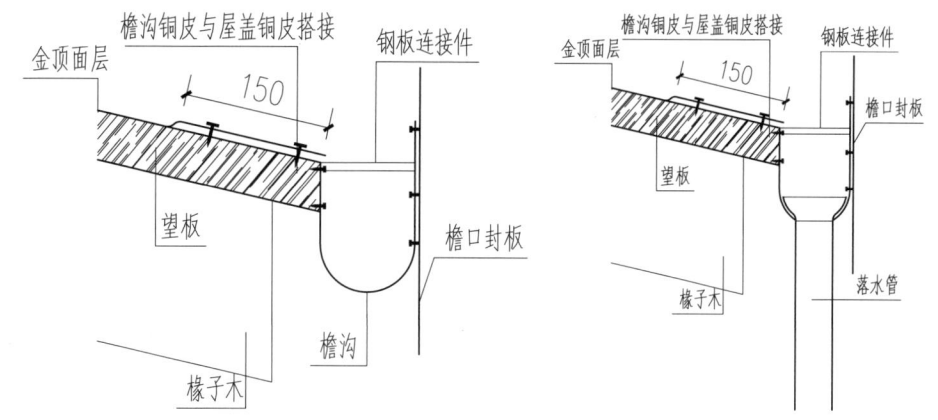

图5-32 金顶檐沟、落水管构造图

3）封板安装：封板一般为雕刻有边玛、半满璎珞等不同图案的铜皮构件（图5-33）。封板的作用是遮挡檐沟，起到美观的作用，安装时，同檐沟一起通过钢板连接件，固定在望板或阳撑木上（图5-33）。

边玛图案封板　　　　　半满璎珞图案封板

图5-33　檐口封板举例

（5）铜皮鎏金工艺

铜皮鎏金是金顶制作过程中工艺较为繁杂的环节，它是把黄金与水银按比例在高温下熔解，混合后涂抹于铜皮表面，再用炭火烘烤使水银蒸发，让黄金固留在铜皮表面的工艺。鎏金工艺具体如下：

①配制金泥：将黄金敲打成金片、剪碎，放入嵌锅内煅烧，按金银比为1：5的比例倒入水银，用木棍等非金属材料不停地搅拌。当水银冒泡蒸发，出现浓白色浓烟时，黄金即已全部被水银溶解，将溶液置于冷水中冷却沉淀，成为一种白色的糊状物，即成金泥。

②镀金：先用磨金炭打磨，除去面层铜皮表面的污物，之后进行"酸处理"，用野酸果煮成糊状，掺入水银及马粪擦洗器物表面直至光华，用清水清洗，在微火上烘烤，用盐水或硼砂液涂抹后，即可涂刷金泥。涂金泥时先将构件烤红，用小刷将金泥涂刷在构件上，或用酥油灯烤热，将熔化的金泥喷涂在构件上，需要注意的是构件烤火过程中一定要控制火候，如果火太大，会使水银和金子同时蒸发。另外，因为水银蒸发过程中有一定的毒性，操作该环节时应做好防毒措施。

金泥刷涂要均匀，并推压表面使之光滑。涂刷过金泥的构件应放置在无水银蒸气的地方，以免水银蒸气影响镀金表面的质量。

③镀后处理：涂刷金泥的构件先在无烟炭火上烘烤，使金泥中的水银逐渐蒸发，颜色由白变黄，剩下的黄金微粒在表面贴紧，再用细铜丝刷沾上皂角水在铜器表面刷打，之后用玛瑙压子在镀面来回压磨，反复三四次，使黄金微粒更加紧密附着，最后用清水清洗构件。

四、琉璃瓦坡屋盖概述

琉璃瓦在藏式建筑中的应用最晚可以追溯至公元7世纪松赞干布时期，是属于

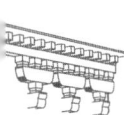

应用比较早的建筑材料。但是后期应用的案例或现存实物极少，尤其在西藏自治区内瓦盖屋顶的实物案例更少，最为典型的属元朝时期修建的夏鲁寺。

夏鲁寺主殿一层为集会大殿，二层由东、西、南、北四个方向的四座佛堂围合成庭院式的布局，四座佛堂的屋顶均为歇山式屋顶。其中，东面佛堂（正立面）外围采用三檐歇山顶屋盖，其余为两层重檐歇山顶；所有屋盖面层均施以单色绿琉璃瓦筒瓦布置，沟头和滴水上刻画有佛塔、佛像、泽巴扎以及吉祥八宝等藏式建筑常见装饰图案做浮雕装饰，垂脊、戗脊上用红、黑色及绿色薄条砖，屋脊中央安装鎏金铜皮的宝瓶装饰，极具汉式和藏式建筑结合的特征。

夏鲁寺的修建历史据《后藏志》等记载，公元13世纪，夏鲁寺修建时期，从内地迎请了许多技艺精湛的汉族工匠，因此，主殿建筑，尤其屋盖的营造具有明显的中原地带汉地建筑特征。

本书以官式建筑营造方法为基础，结合夏鲁寺现有屋盖，概述琉璃瓦坡屋盖的基本构造方法，但是因为此类屋盖除夏鲁寺外，没有典型的实例，而夏鲁寺的屋盖构造目前无法详细勘察，导致很多构造方法无法详述，所以本书的重点是以了解基本名称和构造为主。关于详细内容，待以后如果有夏鲁寺揭顶施工时，再次进行详细的勘察和补充。

1. 屋盖组成及各部位名称

以夏鲁寺集会大殿东面佛堂三檐歇山顶为例，屋盖的组成包括各类屋脊和面层琉璃瓦两个内容。具体如下（图5-34）：

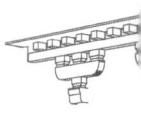

（1）正脊：是沿前后两坡屋面相交线做成的脊。正脊往往是沿檩桁方向，且在屋顶最高处。

（2）垂脊：是与正脊相交处的脊统称为垂脊。歇山式屋面垂脊前后共四处。

（3）戗脊：是前后坡与两山坡面交界处的脊，该脊沿着四周45°方向上与垂脊倾斜相交。

（4）角脊：是重檐屋盖中，下檐屋面转折处，沿角梁方向所做的脊。

（5）博脊：两山坡面与山花板相交处，沿接缝方向所做的水平脊。

（6）围脊：重檐屋檐下层屋面与木构件相交处的水平脊，头尾相接的围脊称为"缠腰脊"。

（7）瓦件：包括筒瓦、板瓦、勾头、滴子以及各类屋脊处的专用砖瓦件。

2. 琉璃屋盖构造

现状夏鲁寺屋盖在后期维修过程中新增了卷材防水的构造层，不符合原有的构造做法，原有构造做法参考汉式普通大式建筑常见做法，由基层、苫背层、结合层和瓦面四部分组成。

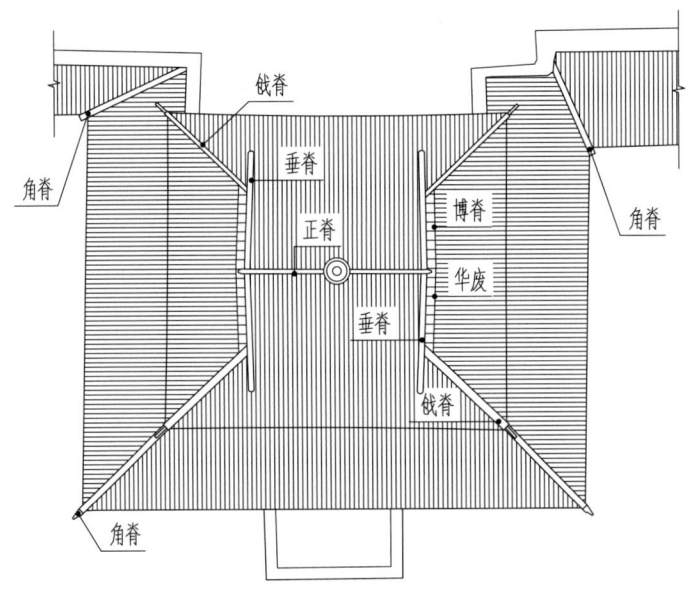

(a)夏鲁寺集会大殿(东殿)屋盖平面

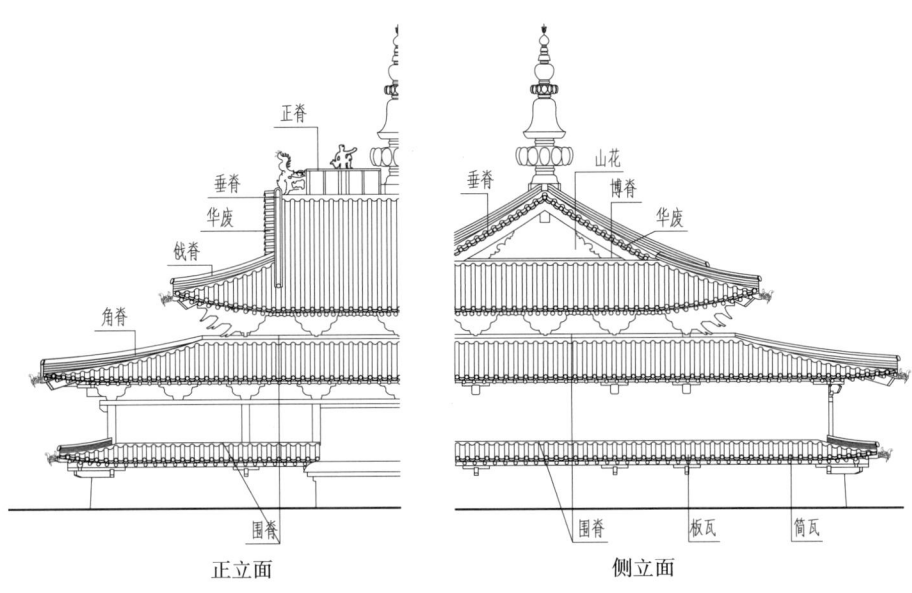

(b)夏鲁寺集会大殿(东殿)屋盖立面图

图 5-34 琉璃瓦屋盖构造及名称

（1）基层

梁椽望板基层，同其他屋盖。

（2）苦背层

苦背层分为泥背层和灰背层，灰背的操作过程叫作"苦背"，苦背一般从木望板基层之上开始。苦背层兼有保温和防水作用。

泥背：用于屋面基层上，有滑秸泥背和麻刀泥背两种。滑秸泥背是在掺灰泥中加入用石灰水烧软的麦秸而成。掺灰泥按波灰：黄土=3:7或4:6或5:5体积比配制，灰泥：麦秸按100:20体积比配置。麻刀泥背是在掺灰泥中加入麻刀制成，掺灰泥，按波灰：黄土=3:7或4:6或5:5的体积比进行配制，灰泥：麻刀按100:6体积比配制。泥背每层厚度40～50mm，一般不超过50mm。

灰背：用于泥背之上，有月白灰背和青灰背两种，月白灰背为大麻刀灰，青背灰在大麻刀灰的基础上反复加青浆赶轧。灰背每层厚度20～30mm，一般不超过30mm。

（3）结合层

结合层是灰背层与瓦面之间的构造层，是由波灰和黄土加水搅拌而成，厚一般为40mm。

（4）瓦面层

坡顶建筑以排水为主、防水为辅，为了做到排水顺畅，屋盖都有较大的排水坡度。为了更好地做好防水，特别注意屋盖瓦的摆放和瓦缝的处理。屋顶瓦面的铺装过程称为"宽瓦"。

琉璃瓦屋盖中底瓦的安放应窄头朝下，从下往上依次摆放。底瓦的搭接要"压六露四"做到三搭头（即每三块瓦中，第一块和第三块瓦能做到首尾搭头）。在檐头和靠近脊的部位，瓦要特殊处理，即所谓的"稀瓦檐头密瓦脊"，铺设底瓦时还要做到瓦的合缝严实不透风。筒瓦的安放，应熊头朝上，从下往上依次安放。在筒瓦与筒瓦之间相接的地方用小麻刀灰勾抹严实，将筒瓦与底瓦之间的针眼用夹垄灰抹平。

将微弯的板瓦凹面向上，顺着屋顶的坡放上去，上一块压着下一块的7/10，摆成一道沟，沟与沟并列，沟与沟的缝子用半圆筒形的筒瓦凹面向下覆盖，使雨水自筒背落到沟中，顺沟流下。每一列相叠成沟的瓦叫陇，沟的最下一块是滴水，水顺着滴水的尖滴到地下。滴水放在檐上瓦口之上，并且伸到檐外。覆在陇缝上的筒瓦，最下一块有圆形的头，称为瓦当（图5-36）。

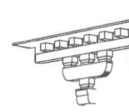

筒瓦与板瓦交接处，要求瓦缝勾灰应尽力将灰浆嵌入，外与瓦面平齐（图5-35c）所示。筒瓦与筒瓦交接处同样要求灰浆与瓦面平齐，不得出现灰浆凸出或凹进去的现象（图5-35b）。

3. 夏鲁寺屋脊构造

坡屋盖由坡屋面相交而成脊，脊部处理不好容易漏水，因而需要沟抹严密。

（1）正脊构造

正脊由约510×522（宽×高）的正通脊方砖砌筑，顶部扣脊瓦，底部与坡屋面交接处垫一层压当条、铺设正当沟做好沟抹工作并铺设坡面瓦（图5-37a）。

（2）垂脊构造

垂脊由2～6皮砖曲线砌筑，沿华废构造同正脊，垂脊通砖下垫压当条和正当沟，再铺筒、板瓦及当沟、滴子；另外一侧压当条下部铺设平口条及边垄瓦盖，再铺筒、板瓦（图5-37b）。

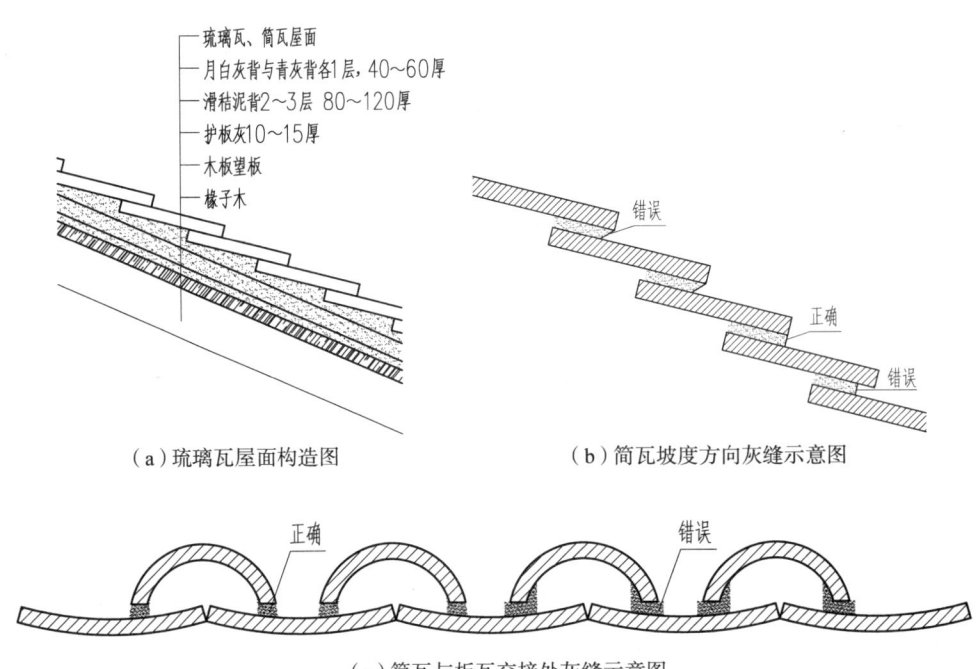

图 5-35 琉璃瓦屋盖构造图

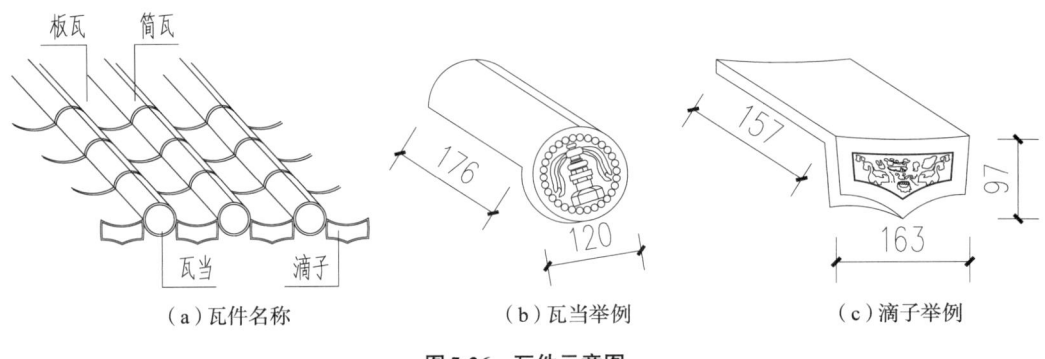

图 5-36 瓦件示意图

（3）戗脊与角脊构造

戗脊与屋顶上部的垂脊相交并沿角梁方向向外伸出，角脊是重檐建筑下檐瓦面转折处沿角梁方向所做的脊，戗脊与角脊均出现于角梁之上，因此构造基本相同。戗脊与角脊同垂脊呈曲线砌筑，不同的是戗脊与角脊两侧均为屋面筒、板瓦的砌筑（图5-37c）。

（4）博脊构造

博脊是坡屋面与竖向墙面交接处所做的水平脊，即建筑两山坡面与山花板之间相交处，沿接缝方向所做的水平脊。夏鲁寺的博脊构造较为简单，由博脊通下部直接铺设筒、板瓦（图5-37d）。

（5）围脊构造

围脊出现在重檐建筑的下层檐，夏鲁寺围脊处的瓦条直接铺设于墙体内，沿着围脊延伸在围墙上的瓦条压在墙帽下，构造极为简单（图5-37e）。

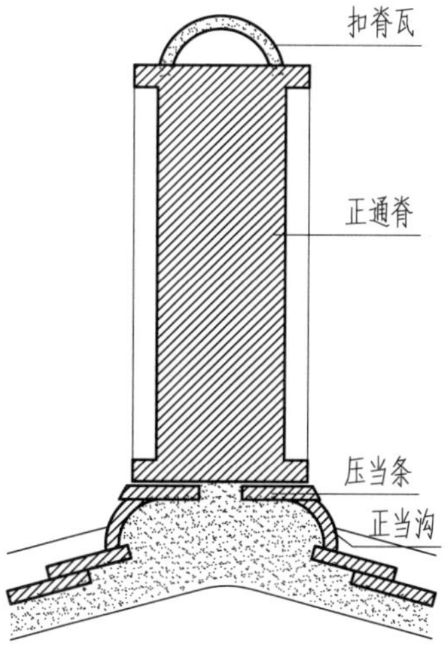

（a）正脊构造图

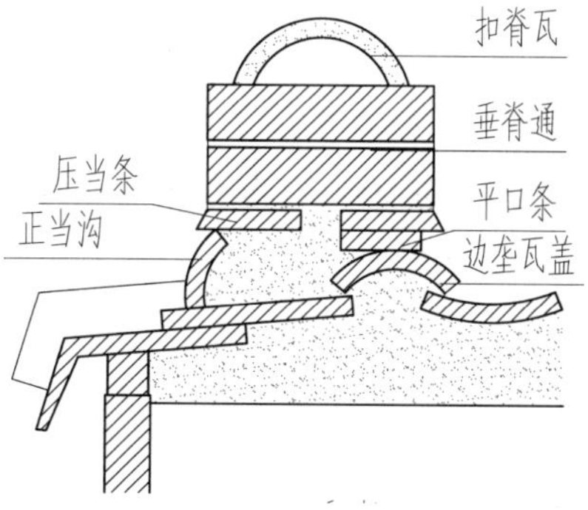

（b）垂脊构造图

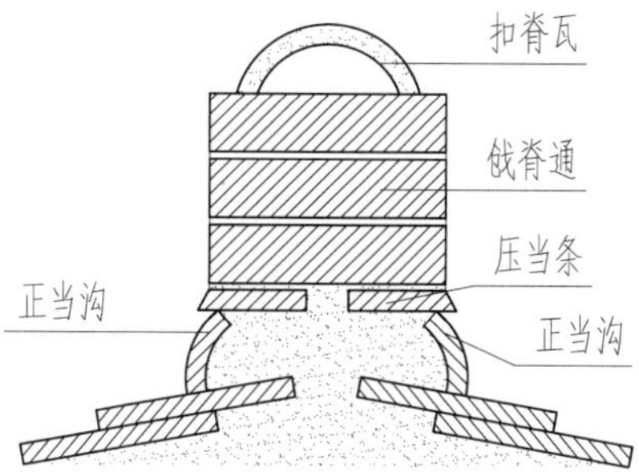

（c）戗脊、角脊构造图

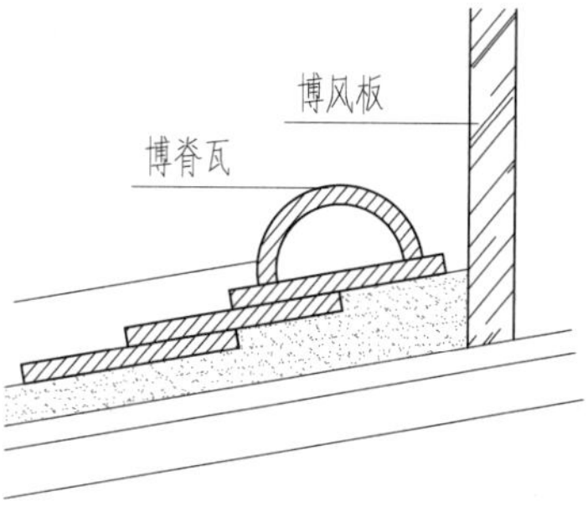

（d）博脊构造图

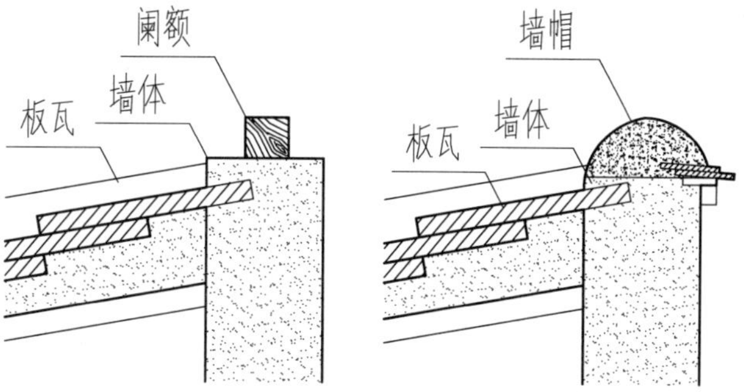

（e）围脊构造图

图 5-37　各类脊构造图

五、屋顶装饰构件

1.宫殿、寺院类屋顶装饰

（1）祥麟法轮

祥麟法轮（藏语名为རི་དྭགས་ཆོས་འཁོར།），一般为铜雕鎏金，由中间的法轮和两边的祥麟组成。祥麟法轮一般安装在主立面的正中间，有的是加高中段女儿墙，将祥麟法轮安装在其上部或者在建筑主立面正中间后退屋面边缘一定距离，修一小段片墙，再其上部安装祥麟法轮(图5-39)。

(2)宝瓶

宝瓶(藏语名为ཀ་ལ་ཤ་),一般安装在宫殿、寺院等重要建筑的屋顶女儿墙正中间或在金顶屋脊处成组布置(图5-38a)。

(3)经幢

经幢(藏语名为གདུགས་),通常安装在宫殿、寺院等建筑物的屋面四角,有时也会安装在大门上方的屋顶。

经幢形式各异,有鎏金铜幢、普通布幢,牛绒毯质经幢以及空心的黑牦牛毛幢等(图5-38)。

鎏金铜幢常见的有普通雕饰的铜幢和三叠式两种。普通雕饰经幢幢身饰以鹏首狮身动物、鱼头水獭身动物的雕刻图案。

普通布幢是由方木制作框架,幢身用黄色布九叠式包裹。

牛绒毯质经幢是把牛绒用黄色铁条箍绑固定在一个圆形的木板上,顶部用金属三股火焰叉装饰,一般只安装在寺院护法神殿屋顶上。

2.民居建筑屋顶装饰

民居建筑屋顶常见的装饰构件为经幡(藏语名为"དར་ལྕོག")。经幡由蓝、白、红、黄、绿五种颜色组成。

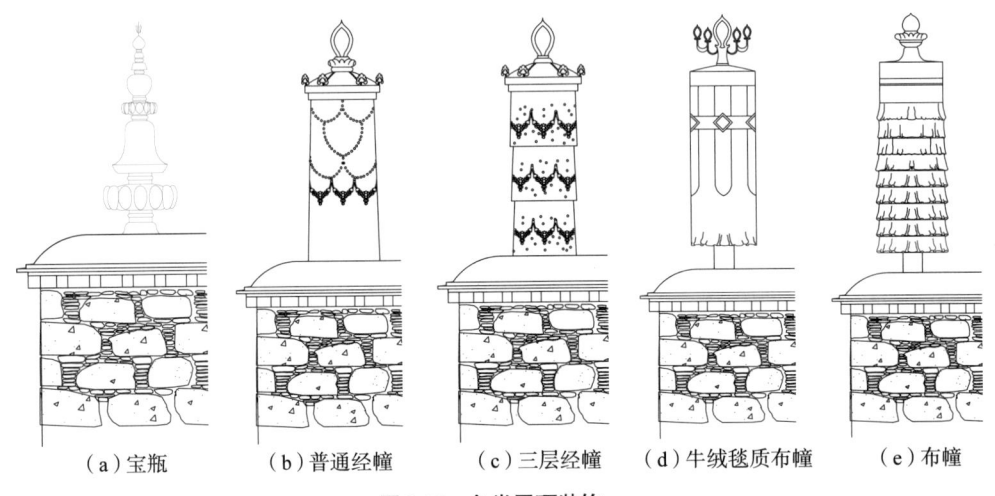

(a)宝瓶　(b)普通经幢　(c)三层经幢　(d)牛绒毯质布幢　(e)布幢

图5-38　各类屋顶装饰

常见经幡的挂立方法是在屋面两角或四角女儿墙顶部砌筑一段专用矮墙,然后在矮墙内角竖立经幡,有时从屋顶四角竖立风幡杆,用线连杆后在线上挂连续经幡。

藏族民居的房顶还常放置煨桑香炉。个别林区建筑因屋盖为坡顶,屋顶并不像平顶楼房一样有煨桑香炉、经幡等,因此煨桑炉、五彩经幡在院子及聚落中布置(图5-40)。

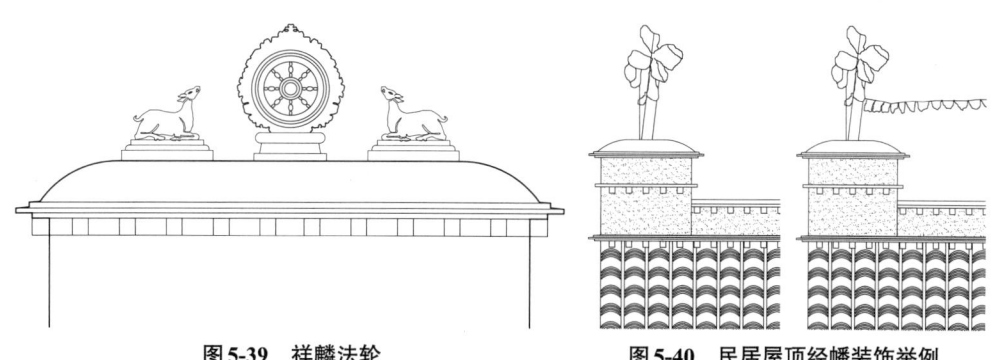

图5-39 祥麟法轮　　　　　　图5-40 民居屋顶经幡装饰举例

3. 金顶屋盖装饰（图5-42）

金顶屋盖常见装饰构件除祥麟法轮、宝瓶之外，还有鎏金铜制的鳌头、命命鸟、大鹏鸟、喷焰末尼、角部宝瓶等构件。

（1）鳌头：鳌头一般安装在金顶四角，重要建筑的金顶屋盖垂脊处也会安装一个鳌头表示该建筑物的重要性（图5-41a）。

（2）命命鸟：安装在屋脊中央宝瓶的两边，常见以铁链拉宝瓶的姿势，偶尔也有正坐立的姿势（图5-41b）。

（3）大鹏鸟：在重要的金顶嘎朗角梁两端安装大鹏鸟，表示该建筑的重要性（图5-41c）。

（4）喷焰末尼：一般出现在重要的金顶中央宝瓶两侧（图5-41e）。

（5）角部宝瓶：一般出现在圆形金顶的角部及飞檐端部（图5-41d）。

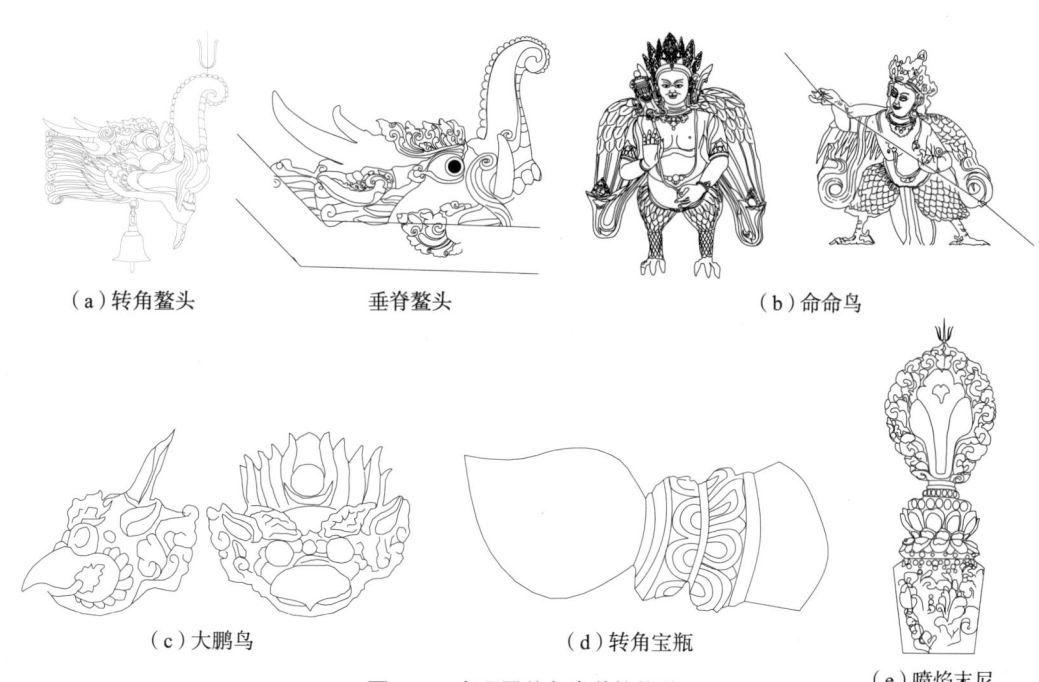

(a) 转角鳌头　　　垂脊鳌头　　　　　(b) 命命鸟

(c) 大鹏鸟　　　　(d) 转角宝瓶　　　　(e) 喷焰末尼

图5-41 金顶屋盖各类装饰构件

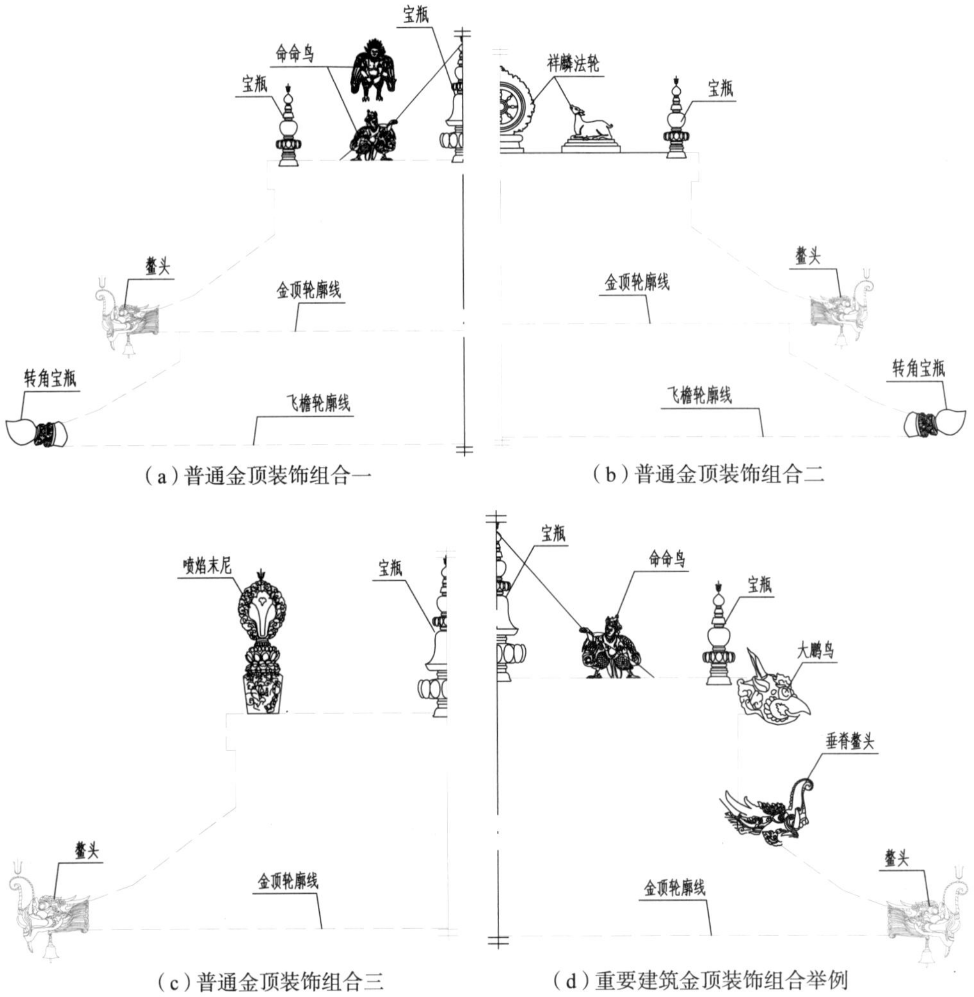

（a）普通金顶装饰组合一　　　　　　（b）普通金顶装饰组合二

（c）普通金顶装饰组合三　　　　　　（d）重要建筑金顶装饰组合举例

图5-42　常见金顶装饰组合举例

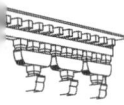

实训八　平屋面防、排水构造实训

【实训项目】

平屋面防、排水构造实训

【实训条件】

某石木结构建筑物局部三层，位于拉萨，拟计划屋面采用素土并增加涂抹类防水材料，试设计该屋面的排水和防水构造。屋顶平面图详见图5-43。

【实训成果】

实训成果包括图纸和文字说明两部分：

1.图纸内容

①屋顶平面排水图（1:20）要求标识排水坡度；落水管位置及落水管类型；

②素土屋面防水构造图（1:20）；

③屋面泛水构造图（1:20）；

④落水管处的防水构造图（1:20）。

2.文字说明包括以下内容：

①设计思路；

②不同位置防水施工工艺及要点。

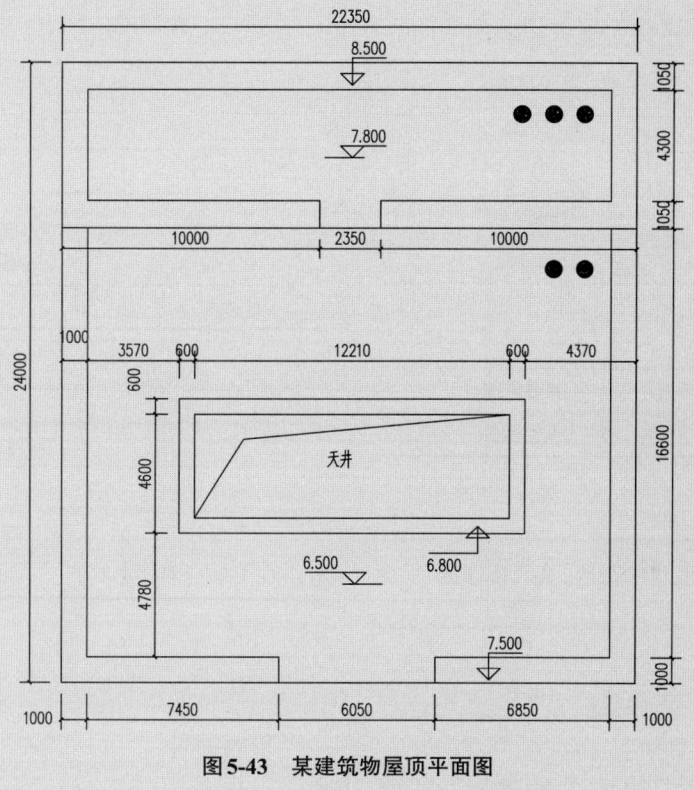

图5-43　某建筑物屋顶平面图

专业术语藏汉对照表

ཀ

དཀྱུས་མ	普通
ཀ་གཞུག（ཀ་གདན）	柱础
ཀ་བ	柱子
ཀྱང་ཙིག	单坯墙
སྐམ་རྩིག	干砌
དཀར་རྫས	白灰
སྐྱེད་ཚལ་སྒོ་ཁང	园林别墅
དཀར་གོང	白卵石

ཁ

མཁར་རྫོང	宗堡建筑
ཁོག་རྡོ	填充石头

ག

གོང་ག	女儿墙
སྒོ་ལྕོགས	栏杆
སྒོ	门
སྒེའུ་ཁུང	窗户
གྱང	夯土墙
སྒྲོག་རྡོ	杵朵（链石）
གུ་ཞུ་མ	金顶
གོང་རྡོ	楼、屋面卵石

ང

དངར་ཙིག	地垄墙
ལྔ་ཚོན	五坯墙

ཅ

ཅག་གདོང	窗间墙（转角墙）
ཅག་ཚིག	架节石
ཅབ་ལ（？）	加啦片石
ཅབ་ཚིག	片石墙
བཅད	隔墙

ཆ

ཆུ་ལེབ	散水
ཆུ་རྡོ	卵石
ཆུ་འཛར	吊

ཇ

འཇམ་ཤེ	（铁抹）抹子

ཉ

ཉི་ཅུག	墙帽

ཐ

མཐིལ་ལེབ	（室内）地面
ཐོག	锤子
འཐེན་གཅོང	墙体收分
ཐོག་ཁ	屋顶

ད

རྡོ་བཟོ	石匠
རྡོ་སྐས（རྡོ་བསྐས）	台阶
གདུང་མ	梁
དྲུག་ཚོན	六坯墙
རྡོ་རྩིག	石砌墙
རྡོ་རྩུབ་མ	毛石墙
རྡོ་ཆེན་རྩིག་པ་དང་རྡོ་ཆུང་གི་ཁག	大石砌墙、小石填缝
དབ་བཞེད	半满璎珞
རྡོ་གཡམ（གཡམ་ལ）	央巴石（薄片岩石）

ན

ནང་ཚིག（བར་ཚིག）	内墙
ནག་ཐིག	黑漆、黑边

ཟ

བེན་བང་།	边玛草墙
བེན་རྒྱན།	边玛装饰（边坚装饰）
བེན་ཆེན།	宽边玛墙（宽栬柳女墙）
བེན་ཆུང་།	窄边玛墙（窄栬柳女墙）

ཕ

ཕོ་བྲང་།	宫殿
ཕྱི་ཚིག（ཚིག་ཆེན）	外墙
ཕག་གྲི།	砖刀
འཕྱོང་རྡོ།	铅锤

བ

དབུ་ཆེན།	乌钦
དབུ་ཆུང་།	乌琼
བར་ཐོག་མཁྱེལ་ཞེག	楼面
བར་ཤད།	帕斜
འབོག་ཏོ།	博朵（筑泥杵）

མ

དམིག་ཙེ།	圆形抹子

ཙ

རྩ་མཚན།	地基
རྩུབ་ཞལ།	粗谢（底灰）
རྩིག་ཆེན།	外墙

ཚ

མཛུབ་རིས（ཞལ་བ）	手抓纹

ཞ

ཞལ་པ།	谢巴（泥工）
ཞལ་དཔོན།	谢本（泥工师）
གཞིས་ཀ	黠卡（庄园）
བཞི་སྐོར།	四坯墙
ཞལ་ཆེན།	谢钦（面灰）

ཟ

ཟུར་རྡོ།	苏朵（角石）
ཟུར་བེན།	转角边玛

འ

འོག་ཁ།	窗台

ཡ

ཡང་བཙན།	轻质隔墙
གཡུ་ཇི་གཡའ་ཁ།	琉璃瓦

ར

ལག་པང་།	托灰板
རློན་རྩིག	湿砌（浆砌）

ཤ

ཤིང་གི་ཐོ་བ།	木锤
ཤམ་བུ་སྙེད་རིས།	长腰纹

ས

གསེབ（ཤལ）བེན།	斜边玛
ས་དམར།	红灰
ས་ཕག	土坯
སྲུབ（སློབ）པག	补缝片石
སོག་པང་།	糙面抹子

ཨ

ཨར་ག	阿嘎土（硬粘土）
ཨོར་ཁ།	排水槽
ཨར་འདག（སྐྱེ་ལྔ་ས）	水泥
ཨོར་སྤུག（ཆུ་སྤུག）	落水管

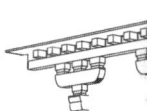

参考书目

木雅·曲吉建才.西藏民居[M].北京：中国建筑工业出版社，2009.
李必瑜/魏宏样.建筑构造（上册）[M].北京：中国建筑工业出版社，2005.
仁青巴珠/次仁多杰.藏族传统绘画图谱[M].拉萨：西藏人民出版社，2008.
索南航旦.世界文化遗产—布达拉宫[M].拉萨：西藏人民出版社，2018.
王晓华.中国古建筑构造技术[M].北京：化学工业出版社，2013.
根秋登子/次勒降泽.藏式佛塔[M].北京：民族出版社，2007.
萨迦.索南坚赞.西藏王统计[M].北京：民族出版社，1981.
徐宗威.西藏古建筑[M].北京：中国建筑工业出版社，2015.
陈耀东.中国藏族建筑[M].北京：中国建筑工业出版社，2007.
中国社会科学院考古研究所.昌都卡若[M].北京：文物出版社，1985.
西藏建筑勘察设计院.罗布林卡[M].北京：中国建筑工业出版社，2011.
西藏拉萨古艺建筑美术研究所.西藏藏式建筑总览[M].成都：四川美术出版社，2007.

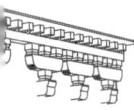